高职高专园林专业系列教材

园林建筑设计

主　编　郑永莉

副主编　龙黎黎　王婷婷　李　凯

参　编　梅　涛　高　飞

　　　　　温明霞　李艳萍

主　审　杨广涛　路　毅

机 械 工 业 出 版 社

本书按照高职高专园林及相关专业的教学基础要求，采用"项目—任务"的形式编写，力求继承与创新、全面与系统、实用与适用，体现职业教育教材的特点。全书设八个项目，分别为园林与园林建筑认知、园林建筑构造识读、建筑平面设计、园林建筑设计的方法和技巧、园林建筑单体设计、服务性园林建筑设计、园区附属建筑设计、园林建筑小品设计。每个项目包括项目分析、项目目标、项目实施、设计实训以及学习评价等内容，每个任务由任务描述、知识链接等环节组成。

本书适用于高职高专院校、应用型本科院校、成人高校及二级职业技术院校、继续教育学院和民办高校的园林及相关专业的师生作教材，也可作为景观设计师职业技能鉴定及岗位培训的学习资料。

图书在版编目（CIP）数据

园林建筑设计/郑永莉主编.—北京：机械工业出版社，2015.12
（2024.1重印）
高职高专园林专业系列规划教材
ISBN 978-7-111-52461-8

Ⅰ.①园… Ⅱ.①郑… Ⅲ.①园林建筑—园林设计—高等职业教育—教材 Ⅳ.①TU986.4

中国版本图书馆 CIP 数据核字（2015）第 300785 号

机械工业出版社（北京市百万庄大街 22 号　邮政编码 100037）
策划编辑：时　颂　责任编辑：时　颂
责任校对：黄兴伟　封面设计：张　静
责任印制：单爱军
北京虎彩文化传播有限公司印刷
2024 年 1 月第 1 版第 6 次印刷
184mm×260mm·16 印张·393 千字
标准书号：ISBN 978-7-111-52461-8
定价：38.00 元

电话服务　　　　　　　　　　　　网络服务
客服电话：010-88361066　　　　机　工　官　网：www.cmpbook.com
　　　　　010-88379833　　　　机　工　官　网：weibo.com/cmp1952
　　　　　010-68326294　　　　机　工　官　博：www.golden-book.com
封面无防伪标均为盗版　　　　机工教育服务网：www.cmpedu.com

高职高专园林专业系列教材
编审委员会名单

出版说明

近年来，随着我国的城市化进程和环境建设的高速发展，全国各地都出现了建设园林景观的热潮，园林学科发展速度不断加快，对园林类具备高等职业技能的人才需求也随之不断加大。为了贯彻落实国务院《关于大力推进职业教育改革与发展的决定》的精神，我们通过深入调查，组织了全国20余所高职高专院校的一批优秀教师，编写出版了本套"高职高专园林专业系列教材"。

本套教材以"高等职业教育园林工程技术专业教学基本要求"为纲，编写中注重培养学生的实践能力，基础理论贯彻"实用为主、必需和够用为度"的原则，基本知识采用广而不深、点到为止的编写方法，基本技能贯穿教学的始终。在编写中，力求文字叙述简明扼要、通俗易懂。本套教材结合了专业建设、课程建设和教学改革成果，在广泛的调查和研讨的基础上进行规划和编写，在编写中紧密结合职业要求，力争能满足高职高专教学需要，并推动高职高专园林专业的教材建设。

本套教材包括园林专业的16门主干课程，编者来自全国多所在园林专业领域积极进行教育教学研究，并取得优秀成果的高等职业院校。在未来的2~3年内，我们将陆续推出工程造价、工程监理、市政工程等土建类各专业的教材及实训教材，最终出版一系列体系完整、内容优秀、特色鲜明的高职高专土建类专业教材。

本套教材适用于高职高专院校、应用型本科院校、成人高校及二级职业技术院校、继续教育学院和民办高校的园林及相关专业师生使用，也可作为相关从业人员的培训教材。

机械工业出版社
2015 年 5 月

丛 书 序

　　为了全面贯彻国务院《关于大力推进职业教育改革与发展的决定》，认真落实教育部《关于全面提高高等职业教育教学质量的若干意见》，培养园林行业紧缺的工程管理型、技术应用型人才，依照高职高专教育土建类专业教学指导委员会规划园林类专业分指导委员会编制的园林专业的教育标准、培养方案及主干课程教学大纲，我们组织了全国多所在该专业领域积极进行教育教学改革，并取得许多优秀成果的高等职业院校的教师共同编写了这套"高职高专园林专业系列教材"。

　　本套教材包括园林专业的《园林绘画》《园林设计初步》《园林制图（含习题集）》《园林测量》《中外园林史》《园林计算机辅助制图》《园林植物》《园林植物病虫害防治》《园林树木》《花卉识别与应用》《园林植物栽培与养护》《园林工程计价》《园林施工图设计》《园林规划设计》《园林建筑设计》《园林建筑材料与构造》等 16 个分册，较好地体现了土建类高等职业教育培养"施工型""能力型""成品型"人才的特征。本着遵循专业人才培养的总体目标和体现职业型、技术型的特色以及反映最新课程改革成果的原则，整套教材在体系的构建、内容的选择、知识的互融、彼此的衔接和应用的便捷上不但可为一线教师的教学和学生的学习提供有效的帮助，而且必定会有力推进高职高专园林专业教育教学改革的进程。

　　教学改革是一项在探索中不断前进的过程，教材建设也必将随之不断革故鼎新，希望使用该系列教材的院校以及教师和学生及时将意见、要求反馈给我们，以使该系列教材不断完善，成为反映高等职业教育园林专业改革最新成果的精品系列教材。

高职高专园林专业系列教材编审委员会

2015 年 5 月

前　言

　　本书的开发和编写，是基于工作过程，以就业为导向，以职业能力培养为本，以学习项目和任务为主线，贯穿人才培养全过程，打破学科本位思想，在课程结构设计上尽可能适应行业需要，结合学校实际情况和学生个体需求，遵循国家职业技能鉴定标准，突出职业岗位与职业资格的相关性，从而满足社会对实用型和应用型园林技术人才的需要。

　　本书由黑龙江生态工程职业学院郑永莉担任主编，湖北城市建设职业学院龙黎黎、黑龙江生态工程职业学院王婷婷、山东潍坊职业学院李凯担任副主编，参编人员有河北旅游职业学院梅涛和李艳萍、东北林业大学高飞、甘肃林业职业技术学院温明霞。全书由郑永莉负责统稿，东北林业大学杨广涛、路毅负责审稿。本书具体章节编写分工为：项目一、项目六由郑永莉编写；项目二及项目五中的任务二、任务三由王婷婷编写；项目三由李凯编写；项目四、项目八由龙黎黎编写；项目七由梅涛编写；项目五中任务一由温明霞编写；李艳萍、高飞协助资料的收集。本书的编写得到了黑龙江生态工程职业学院、湖北城市建设职业学院、甘肃林业职业技术学院、潍坊职业学院、河北旅游职业学院等院校和相关企业的领导、专家、教师的大力支持和关心，在此表示感谢。教材编写中还引用了大量前辈学者的观点、研究成果、文字和图片等，一并对他们表示衷心感谢。

　　本书内容先进科学、简明实用、指导性强，可以作为"项目教学法"改革的主要教材和辅导资料，或作为景观设计师职业技能鉴定及岗位培训的教材和辅导资料，也可作为广大园林设计人员、园林建筑设计人员与施工工作者的参考资料。

　　由于编者水平有限，书中难免有不妥之处，诚请各位专家、同行和广大读者批评指正。

编　者

目　　录

【引言】

园林建筑设计是园林专业的主要专业课程。它是应用工程和艺术的手法在园林规划设计中设计园林建筑物与构筑物，按比例真实形象的反映在设计图纸上并能按其施工，最终将设计构思变为现实的形象。园林建筑设计将借助于园林美术，制图及建筑初步等课程的知识和技能，创造出各种类型建筑物的形象，通过园林施工变成现实生活中的园林建筑物或构筑物。

【课程目标】

通过本课程教学，使学生掌握园林建筑设计的基本原理和方法，包括国内外园林发展简史、园林建筑设计的基本原理、园林单体建筑和园林小品设计等。通过实训实习，把课堂学习的理论知识灵活地应用到实践中，从而培养学生的动手能力、创新能力。

项目一 园林与园林建筑认知

项目分析

对于园林与园林建筑的认知是学习园林建筑设计课程的序，首先从概念与内容开始，能够帮助理解园林建筑对于整个园林的意义与作用，尤其是它的重要性。帮助在学习过程中借鉴前人的经验，这是对于园林建筑文化的认知。对于本章的学习应主动扩大学习的范围，尤其是一些典型的园林建筑实例要进行详细的分析和研究。

（1）掌握园林建筑的概念及内容。
（2）了解中外园林与园林建筑的发展过程。
（3）明确学习本课程的意义与方法。
（4）园林建筑的概念和园林建筑的功能作用。
（5）领会中外园林建筑的精神。

【项目实施】

任务一　园林与园林建筑解读

任务描述

（1）能够准确解读园林与园林建筑的关系及园林建筑的概念与内容。
（2）能够准确指出园林建筑的作用与分类。

知识链接

一、园林建筑与园林

1. 园林

园林是指在一定的地域内运用工程技术和艺术手段，通过改造地形（或进一步筑山、叠石、理水）、种植树木花草、营造建筑和布置园路等途径创作而成的自然环境和游憩境域。

一般来说，园林的规模有大有小，内容有繁有简，但都包含着四种基本的要素，即土地、水体、植物和建筑。其中，土地和水体是园林的地貌基础，土地包括平地、坡地、山地，水体包括江、河、湖、溪、涧、池、沼、瀑、泉等。天然的山水需要加工、修饰、整理，人工开辟的山水讲究造型，还需要解决许多工程问题。因此，筑山和理水就逐渐发展成为造园的专门技艺。植物栽培最先是以生产和实用为目的，随着园艺科技的发展才有了大量供观赏之用的树木和花卉。现代园林中，植物已成为园林的主角，植物材料在园林中的地位就更加突出了。上述三种要素都是自然要素，具有典型的自然特征。在造园中必须遵循自然规律，才能充分发挥其应有的作用。

2. 园林建筑

园林建筑是建造在园林和城市绿化地段内供人们游憩或观赏用的建筑物，常见的有亭、榭、廊、阁、轩、楼、台、舫、厅堂等建筑物。

中国的园林建筑历史悠久，在世界园林史上享有盛名。在3000多年前的周朝，中国就有了最早的宫廷园林。此后，中国的都城和地方著名城市无不建造园林，中国城市园林丰富多彩，在世界三大园林体系中占有光辉的地位。

以山水为主的中国园林风格独特，其布局灵活多变，将人工美与自然美融为一体，形成巧夺天工的奇异效果。这些园林建筑源于自然而高于自然，隐建筑物于山水之中，将自然美提升到更高的境界。

中国园林建筑包括宏大的皇家园林和精巧的私家园林，这些建筑将山水地形、花草树木、庭院、廊桥及楹联匾额等精巧布设，使得山石流水处处生情，意境无穷。中国园林的境界大体分为治世境界、神仙境界、自然境界三种。

中国儒学中讲求实际、有高度的社会责任感、重视道德伦理价值和政治意义的思想反映到园林造景上就是治世境界，这一境界多见于皇家园林，著名的皇家园林圆明园中约一半的景点体现了这种境界。

神仙境界是指在建造园林时以浪漫主义为审美观，注重表现中国道家思想中讲求自然恬淡和修养身心的内容，这一境界在皇家园林与寺庙园林中均有所反映，例如圆明园中的蓬岛瑶台、四川青城山的古常道观、湖北武当山的南岩宫等。

自然境界重在写意，注重表现园林所有者的情思，这一境界大多反映在文人园林之中，如宋代苏舜钦的沧浪亭，司马光的独乐园等。

中西园林的不同之处在于：西方园林更多的是展现理性的精神力量，而非以建筑为主。建筑这个词，不恰当，在西方园林中，真正的建筑所占的面积也很小，大多数以精神思维的表现具象化为主；中国园林则以自然景观和观者的美好感受为主，更注重天人合一。

3. 园林建筑与其他建筑比较

园林建筑与其他建筑类型相比较，具有明显的特征，主要表现为：

（1）园林建筑十分重视总体布局，既主次分明，轴线明确，又高低错落；既满足使用功能的要求，又要满足景观创造的要求。

（2）园林建筑是一种与园林环境及自然景观充分结合的建筑。因此，在基址选择上，要因地制宜，巧于利用自然又融于自然之中。将建筑空间与自然空间融成和谐的整体，优秀的园林建筑是空间组织和利用的经典之作。

（3）强调造型美观是园林建筑的重要特色。在建筑的双重性中，有时园林建筑美观和艺术性，甚至要重于其使用功能。在重视造型美观的同时，还要极力追求意境的表达，要继承传统园林建筑中寓意深邃的意境。要探索、创新现代园林建筑中空间与环境的新意。

（4）小型园林建筑因小巧灵活，富于变化，常不受模式的制约，这就为设计者带来更多的艺术发挥余地，真可谓无规可循，构园无格。"小中见大""循环往复，以至无穷"是其他造园因素所无法与之相比的。

（5）园林建筑色彩明朗，装饰精巧。在我国古典园林中，建筑有着鲜明的色彩，北京古典园林建筑色彩鲜艳，南方的宅园则色彩淡雅。现代园林建筑其色彩多以轻快、明朗为主，力求表现园林建筑轻巧、活泼、简洁、明快的性格。在装饰方面，不论古今园林建筑都以精巧的装饰取胜，建筑上善于应用各种门洞、镂窗、花格、隔断、空廊等，构成精巧的装饰，尤其将山石植物等引入建筑，使装饰更为生动，成为建筑上得景的画面。因此，通过建筑的装饰增加园林建筑本身的美，更主要是通过装饰手段使建筑与景致取得更密切的联系。

二、园林建筑的作用与分类

1. 园林建筑在园林中的作用

（1）造景或者点景，即园林建筑本身就是被观赏的景观或景观的一部分。园林建筑与山水等要素相结合而构成园林中的许多风景画面，有宜于就近观赏的，有适于远眺的。在一般情况下，园林建筑常作为这些风景画面的重心和主景。没有这座建筑也就不成其为"景"，更谈不上园林的美景了。重要的建筑往往作为园林在一定范围内甚至整座园林的构景中心，例如北京北海公园中的白塔、颐和园中的佛香阁等都是园林的构景中心，整个园林的风格在一定程度上也取决于建筑的风格。

（2）观景，为游览者提供观景的视点和场所；以一幢建筑物或一组建筑群作为观赏园内景观的场所，它的位置、朝向、封闭或开敞的处理往往取决于形成景观的好坏，即是否能够使得观赏者在视野范围内摄取到最佳的风景画面。在这种情况下，大到建筑群的组合布局，小到门窗、洞口或由细部所构成的"框景"都可加以利用作为剪裁风景画面的手段。因此，建筑朝向、门窗位置大小要考虑赏景的要求。

（3）组织园林空间，同时提供休憩及活动的空间；园林设计空间组合和布局是重要内容，园林常以一系列的空间的变化巧妙安排给人以艺术享受，以建筑构成的各种形式的庭院及游廊、花墙、圆洞门等恰是组织空间、划分空间的最好手段，这些空间成为可利用空间，为人们提供休憩及活动的空间。

（4）提供简单的使用功能，诸如小卖部、售票、摄影等；建筑本来就是与人的活动密切相关的，园林建筑同样是具有使用功能的建筑，正是因为园林建筑的景观与使用功能兼具的作用，才使得园林空间有了不同的作用。

（5）可以界定空间范围，即作为主体建筑的必要补充或联系过渡。即利用建筑物围合成一系列的庭院或者以建筑为主，辅以山石植物将园林划分为若干空间层次。

（6）引导游览路线，起到吸引游人目光，从而形成游览路线的作用。园林建筑常常具有起承转合的作用，当人们的视线触及某处优美的园林建筑时，游览路线就会自然而然的延伸，建筑常成为视线引导的主要目标。人们常说的步移景异就是这个意思。

2. 园林建筑分类

（1）按使用功能分类可分为五大类。

1）园林建筑小品。指园林中体量小巧、数量多、分布广、功能简明、造型别致，具有较强装饰性的精美设施。如园灯、园椅、园林展牌、园林景墙、园林栏杆等。

2）游憩性建筑。给游人提供游览、休息、赏景的场所。其本身也是景点或成为景观的构图中心。包括科普展览建筑、文化娱乐建筑、游览观光建筑，如亭、廊、花架、榭、游船码头、露天剧场、各类展览厅等。

3）服务性建筑。为游人在游览途中提供生活上服务的建筑，如各类型小卖部、茶室、小吃部、餐厅、接待室、小型旅馆等。

4）公用性建筑。主要包括电话通信设施、导游牌、路标、停车场、存车处、供电及照明设施、供水及排水设施、供气供热设施、标志物及果皮箱、厕所等。

5）管理性建筑。主要指公园、风景区的管理设施，如公园大门、办公室、食堂、实验室、温室荫棚、仓库、变电室、垃圾污水处理场等。

（2）按园林建筑的性质分类可分为两大类。

1）传统园林建筑。传统园林建筑包括中西方传统园林建筑我们会在下一节中详细介绍。

2）现代园林建筑。今天人们的精神趣味、美学爱好是与过去的文学、艺术传统有联系的。因此，我们不应该割断历史，而要细心地去汲取过去园林与园林建筑中那些特别值得发扬光大的经验，使其在新的条件下展现出新的风貌。另一方面，也应该看到，时代在发展着、变化着，一成不变的东西是没有的。

任务二　中西方园林建筑认知

【任务描述】

（1）能够准确认知中国古典园林建筑的分类与特点。

（2）能够准确认知外国古典园林建筑的分类与特点。

【知识链接】

一、中国古典园林建筑的分类与特点

1. 分类

（1）亭（图1-2-1）。游人休停处，精巧别致，谓多面观景的点状小品建筑，外形多成几何图形。"亭者，停也。人所停集也。"（《园冶》）亭子在中国园林中被广泛应用，不论山坡水际、路边桥顶、林中水心都可设亭。亭可有半亭、独亭、组亭之分。园林中还可以有钟亭、鼓亭、井亭、旗亭、桥亭、廊亭等类型之分。若按亭子的平面形式分，常见的有三角亭、扇面亭、梅花亭、海棠亭；按屋顶层数分有单檐亭、重檐亭；按屋顶的形式，又可分为攒尖亭、歇山亭等。亭子以其灵活多变的特性，任凭造园家创造出新，为园景增色。

（2）廊（图1-2-2）。廊者长也，有顶的过道或房前避雨遮阳之附属建筑，谓多面观景的长条形建筑。廊在园林中是联系建筑的纽带，同时又是导游路线。在功能上，尤其在江南园林中，还可起到遮风避雨的作用。廊子最大的特点在于它的可塑性与灵活性，无论高低曲折，山坡水边都可以连通自如，依势而曲，蜿蜒逶迤，富有变化。而且可以划分空间，增加园景的景深。廊的形式可分为直廊、曲廊、波形廊、复廊等。按所处的位置，又可分为走廊、回廊、楼廊、爬山廊等。廊的重要作用之一在于通过它把全园的亭台楼阁、轩榭厅堂联系成一个整体，从而对园林中的景观开展和观景序列的层次起到重要的组织作用。

（3）榭（图1-2-3）。榭者藉也，依借环境而建榭，临水建榭，并有平台伸向水面，体型扁平。

（4）舫（图1-2-4）。运用联想手法，建于水中的船形建筑，犹如置身舟楫之中，从整体轮廓到门窗栏杆均以水平线条为主，其平面分为前、中、尾三段，一般前舱较高，中舱较低，后舱则多为二层楼，以便登高眺望。

（5）厅。高大宽爽向阳之屋，一般多为面阔三至五间，采用硬山或歇山屋盖。基本形式有两面开放，南北向的单一空间的厅；两面开放，两个空间的厅；四面开放的厅。

图 1-2-1　双子亭

图 1-2-2　小飞虹

图 1-2-3　榭

图 1-2-4　春波华舫

两个空间的厅，主要指室内用隔扇、花罩或屏风分隔成前后两个空间，天花顶盖也处理成两种以上的形式。这种顶盖式的天花也称为"轩"，它是由带装饰性的复水椽和望砖构成。复水椽可做成各种曲线状，从而形成不同的轩式：一枝香轩、弓形轩、菱角轩、鹤颈轩、船篷轩、茶壶档轩、海棠轩等。平面上用屏风、圆光罩、桶扇、落地罩划分为前后厅，同时在结构装修上也做成互不相同的搭配，故又可称为"鸳鸯厅"。

四面开放的厅，主要指空间的开放，一般做法是：四面用桶扇，周围用外廊，面阔多为三至五间，上覆歇山顶。

（6）楼。一般多为二层，正面为长窗或地坪窗，两侧是砌山墙或开洞门，楼梯可放室内，或由室外倚假山上二楼，造型多姿。

（7）轩。厅堂出廊部分，顶上一般做卷棚的称轩。从构造上说，轩亦与屋、厅堂类似，有时轩可布置在气势宽敞的地方，供游宴之用。

（8）阁（图 1-2-5）。与楼神似，造型较轻盈灵巧。重檐四面开窗，构造与亭相似，但阁亦有一层，一般建于山上或水池、台之上。

（9）斋。学舍书屋。专心攻读静修幽静之处，自成院落，与景区分隔成一封闭式景点。

（10）殿（图 1-2-6）。布局上处于主要地位的大厅或正房。结构高大而间架多，气势雄伟，多为帝王治政执事之处。在宗教建筑中供神佛的地方，亦称殿。

图 1-2-5　兴林阁

图 1-2-6　天王殿

（11）馆。游览、眺望、起居、宴饮之用，体量可大可小，布置大方随意，构造与厅堂类同。

（12）华表柱（图 1-2-7）。来源于古代氏族社会的图腾标志。

（13）牌坊（图 1-2-8）。只有华表柱（冲天柱）加横梁（额枋），横梁之上不起楼无斗拱及屋檐。

牌楼。与牌坊类似，在横梁之上有斗拱屋檐或"挑起楼"，可用冲天柱或不用。

图 1-2-7　华表柱

图 1-2-8　牌坊

2. 中国园林建筑的特点

（1）使用和造景、观赏和被观赏的双重性。

园林建筑既要满足各种园林活动和使用上的要求，又是园林景物之一；既是物质产品，也是艺术作品。但园林建筑给人精神上的感受更多。因此，艺术性要求更高，除要求具有观赏价值外，还要求富有诗情画意。

（2）园林建筑是与园林环境及自然景致充分结合的建筑，园林建筑可以最大限度地利用自然地形及环境的有利条件。

任何建筑设计时都应考虑环境，而园林建筑更甚，建筑在环境中的比重及分量应按环境构图要求权衡确定，环境是建筑创作的出发点。我国古典园林一般以自然山水作为景观构图的主题，建筑只为观赏风景和点缀风景而设置。园林建筑是人工因素，它与自然因素之间是有对立的一面，但如果处理得当，也可统一起来，可在自然环境中增添情趣，增添生活气息。建筑与环境的结合首先是要因地制宜，力求与基址的地形、地势、地貌结合，做到总体布局上依形就势，并充分利用自然地形、地貌。其次是建筑体量是宁小勿大。因为自然山水中，山水为主，建筑是从。与大自然相比，建筑物的相对体量和绝对尺度以及景物构成上所占的比重都是很小的。另一要求是园林建筑在平面布局与空间处理上都力求活泼，富于变化。设计中推敲园林建筑的空间序列和组织好观景路线格外突出。建筑的内外空间交汇地带，常常是最能吸引人的地方，也是人感情转移的地方。虚与实、明与暗、人工与自然的相互转移都常在这个部位展开，过渡空间就显得非常重要。中国园林建筑常用落地长窗、空廊、敞轩的形式作为这种交融的纽带。这种半室内、半室外的空间过渡都是渐变的，是自然和谐的变化，是柔和的、交融的。

（3）中国式园林建筑色彩明快、装饰精巧。

在中国古典园林中，无论是北方的皇家园林还是江南的私家园林以及其他风格的建筑，色彩都极鲜明。北方皇家园林建筑色彩多鲜艳。琉璃瓦、红柱、彩绘。江南园林建筑则多用大片粉墙为基调，配以黑灰色的小瓦，栗壳色梁柱、栏杆、挂落。内部装修也多用淡褐色或木材本色，衬以白墙，与水磨砖所制灰色门框，形成素净，明快的色彩。现代园林中，建筑色彩也是以轻快明朗为主，力求表现园林建筑轻松活泼的特点。中国式园林建筑设计中，采用的材料、色彩，都意于追求整体的环境主题。富丽、豪华、高贵是美，而质朴、淡雅、古拙也是一种美，建筑所在的环境是其设计应考虑的首要因素。

（4）中国式园林建筑的群体组合。

西方的古建筑常把不同功能、不同用途的房间都集中在一栋建筑内，追求内部空间的构成美和外部形体的雕塑美，这样建筑体量就大。我国的传统建筑则是木架构结构体系，这决定了建筑一般情况下体量较小、较矮，单体形状比较简单。因此，大小、形状不同的建筑有不同的功能，有自己特定的名称。如厅、堂、楼、阁、轩、榭、舫、亭、廊等。按使用上的需要，也可以独立设置，也可以用廊、墙、路等把不同的建筑组合成群体。这种化大为小，化集中为分散的处理手法，非常适合中国园林布局与园林景观的需要，它能形成统一而又有变化的丰富多彩的群体轮廓，游人观赏到的建筑和人们从建筑中观赏的风景，既是风景中的建筑，又是建筑中的风景。中国式园林建筑的特点是相互间不可截然分割，要融于自然。建筑体量要小，就必然将分散布局，空间处理要富于变化，就常会应用廊、墙、路等组织院落，划分空间与景区。正如《园冶》上说的："巧于因借，精在体宜"。

二、欧洲园林建筑特点

1. 古希腊式（图 1-2-9）

古希腊建筑风格的特点主要是和谐、完美、崇高。而古希腊的神庙建筑则是这些风格特点的集中体现者，古希腊的"柱式"，这种规范和风格的特点是追求建筑的檐部（包括额枋、檐壁、檐口）及柱子（柱础、柱身、柱头）严格和谐的比例和以人为尺度的造型格式。古希腊最典型、最辉煌，也是意味最深长的柱式主要有三种，即多立克、爱奥尼克和科林斯柱式。

2. **古罗马式**（图1-2-10）

是古希腊建筑艺术的继承和发展。如果说，古希腊人崇拜人是通过崇拜"神"来体现的话，那么，古罗马则是对人的崇拜。古罗马的建筑理论家维特鲁威，在其《建筑十书》中曾经指出，建筑的基本原则应当是"须讲求规例、配置、匀称、均衡、合宜以及经济"。这可以说是对古罗马建筑特点及艺术风格的一种理论总结。从而在屋顶造型方面，出现了在古希腊建筑中很难见到的"穹拱"屋顶。正是这"穹拱"屋顶，成就了古罗马建筑，特别是房屋类建筑与古希腊房屋类建筑最明显的区别。以"圆"为主的风格，是典型的古罗马建筑的特点。代表：古罗马大斗兽场、古罗马的帕提农神庙（又称万神庙）。

图1-2-9　帕提农神庙

图1-2-10　大斗兽场

3. **拜占庭式**（图1-2-11）

拜占庭的特点，主要有四个方面：第一个方面是屋顶造型，普遍使用"穹隆顶"。第二个特征是整体造型中心突出。那体量既高又大的圆穹顶，往往成为整座建筑的构图中心。第三个特点是它创造了把穹顶支承在独立方柱上的结构方法和与之相应的集中式建筑形制。其典型作法是在方形平面的四边发券，在四个券之间砌筑以对角线为直径的穹顶，仿佛一个完整的穹顶在四边被发券切割而成，它的重量完全由四个券承担，从而使内部空间获得了极大的自由。第四个特点是色彩灿烂夺目。代表：君士坦丁堡的圣索菲亚大教堂。

4. **罗曼风格**（图1-2-12）

罗曼建筑风格多见于修道院和教堂。

罗曼建筑的典型特征是：墙体巨大而厚实，墙面用连列小券，门窗洞口用同心多层小圆券，以减少沉重感。西面有一、二座钟楼，有时拉丁十字交点和横厅上也有钟楼。中厅大小柱有韵律地交替布置。窗口窄小，在较大的内部空间造成阴暗神秘气氛。朴素的中厅与华丽的圣坛形成对比，中厅与侧廊较大的空间变化打破了古典的均衡感。

随着罗曼建筑的发展，中厅愈来愈高。为减少和平衡高耸的中厅上拱脚的横推力，并使拱顶适应于不同尺寸和形式的平面，后来创造出了哥特式建筑。罗曼建筑作为一种过渡形式，它的贡献不仅在于把沉重的结构与垂直上升的动势结合起来，而且在于它在建筑史上第一次成功地把高塔组织到建筑的完整构图之中。

罗曼建筑的著名实例有：意大利比萨主教堂建筑群、德国沃尔姆斯主教堂等。

图 1-2-11　圣索菲亚大教堂

图 1-2-12　意大利比萨主教堂

5. 哥特式（图 1-2-13）

哥特，原为参加覆灭古罗马帝国的一个日耳曼民族，其称谓含有粗俗、野蛮的意思。它是文艺复兴时期的欧洲人，因厌恶中世纪的黑暗而"赠"给中世纪建筑的。习惯上人们将与中世纪的这种主要建筑风格一致的建筑，均称为"哥特式建筑"。大多是教堂建筑。

哥特式建筑的总体风格特点是：空灵、纤瘦、高耸、尖峭。尖峭的形式，是尖券、尖拱技术的结晶；高耸的墙体，则包含着斜撑技术、扶壁技术的功绩。

所有墙体上均由垂直线条统贯，一切造型部位和装饰细部都以尖拱、尖券、尖顶为合成要素，所有的拱券都是尖尖的，所有门洞上的山花、凹龛上的华盖、扶壁上的脊边都是尖耸的，所有的塔、扶壁和墙垣上端都冠以直刺苍穹的小尖顶。

代表：法国的巴黎圣母院、意大利的米兰大教堂、德国的科隆大教堂都是代表。

6. 文艺复兴（图 1-2-14）

文艺复兴建筑是欧洲建筑史上继哥特式建筑之后出现的一种建筑风格。15 世纪产生于意大利，后传播到欧洲其他地区，形成带有各自特点的各国文艺复兴建筑。意大利文艺复兴建筑在文艺复兴建筑中占有最重要的位置。

15 世纪佛罗伦萨大教堂的建成，标志着文艺复兴建筑的开端。而关于文艺复兴建筑何时结束的问题，建筑史界尚存着不同的看法。有一些学者认为一直到 18 世纪末，有将近四百年的时间属于文艺复兴建筑时期。另一种看法是意大利文艺复兴建筑到 17 世纪初就结束了，此后转为巴洛克建筑风格。

图 1-2-13　德国的科隆大教堂

图 1-2-14　佛罗伦萨大教堂

7. 巴洛克风格（图 1-2-15）

巴洛克，是产生于文艺复兴高潮过后的一种文化艺术风格。它的外文为 Bar-oque，意为畸形的珍珠。巴洛克建筑是 17~18 世纪在意大利文艺复兴建筑基础上发展起来的一种建筑和装饰风格。其特点是外形自由，追求动态，喜好富丽的装饰和雕刻、强烈的色彩，常用穿插的曲面和椭圆形空间。

意大利晚期著名建筑师和建筑理论家维尼奥拉设计的罗马耶稣会教堂是由手法主义向巴洛克风格过渡的代表作，也有人称之为第一座巴洛克建筑。

它主要有四个方面的特征：

第一，炫耀财富。它常常大量用贵重的材料、精细的加工、刻意的装饰，以显示其富有与高贵。

第二，不囿于结构逻辑，常常采用一些非理性组合手法，从而产生反常与惊奇的特殊效果。

第三，充满欢乐的气氛。提倡世俗化，反对神化，提倡人权，反对神权的结果是人性的解放，这种人性的光芒照耀着艺术，给文艺复兴的艺术印上了欢快的色彩。完全走上了享乐至上的歧途。

第四，标新立异，追求新奇。

8. 洛可可风格（图 1-2-16）

洛可可风格出现于 18 世纪法国古典主义后期，流行于法、德、奥地利等国。洛可可主要是一种室内装饰风格。在装饰题材上，喜用各种草叶及蚌壳、蔷薇和棕榈。以质感温软的木材取代过去常常使用的大理石。以线脚繁复的镶板和数量特多的玻璃镜面。喜用娇嫩的色彩，如白色、金色、粉红色、嫩绿色、淡黄色，尽量避免强烈的对比。线脚多用金色，天花板常涂上天蓝色，还常常画上飘浮的白云。此外还喜欢张挂绸缎的幔帐和晶体玻璃吊灯，陈设瓷器古玩，力图显出豪华的高雅之趣。然而，它的格调却因装饰手法的过于刻意，往往是脂粉之气过浓，高洁之意不足；堆砌、柔媚有余，自然韵雅不足。代表：柏林夏洛登堡的"金廊"和波茨坦新宫的阿波罗大厅。

图 1-2-15　罗马耶稣会教堂

图 1-2-16　柏林夏洛登堡"金廊"

9. 浪漫主义（图 1-2-17）

浪漫主义建筑是 18 世纪下半叶到 19 世纪下半叶，欧美一些国家在文学艺术中的浪漫主义思潮影响下流行的一种建筑风格。

浪漫主义在艺术上强调个性，提倡自然主义，主张用中世纪的艺术风格与学院派的古典主义相抗衡。这种思潮在建筑上表现为追求超尘脱俗的趣味和异国情调。

18 世纪 60 年代至 19 世纪 30 年代，是浪漫主义发展的第一阶段，又称先浪漫主义。出现了中世纪城堡式的府邸，甚至东方式的建筑小品。19 世纪 30～70 年代是浪漫主义建筑的第二阶段，它已发展成为一种建筑创作潮流。由于追求中世纪的哥特式建筑风格，称为哥特复兴建筑。

代表建筑有：英国国会大厦、威斯敏斯特宫、圣吉尔斯教堂、埃尔郡的克尔辛府邸、封蒂尔修道院的府邸、布赖顿的皇家别墅。

10. 古典复兴（图 1-2-18）

古典复兴是 18 世纪 60 年代到 19 世纪流行于欧美一些国家的，采用严谨的古希腊、古罗马形式的建筑，又称新古典主义建筑。

法国在 18 世纪末、19 世纪初是欧洲资产阶级的中心，也是古典复兴建筑活动的中心。法国大革命前已在巴黎兴建万神庙这样的古典建筑，拿破仑在巴黎兴建了许多纪念性建筑，其中雄师凯旋门、马德兰教堂等都是古罗马建筑式样的翻版。

英国以复兴希腊建筑形式为主，典型实例为爱丁堡中学、伦敦的不列颠博物馆等，德国柏林的勃兰登堡门，申克尔设计的柏林宫廷剧院和阿尔塔斯博物馆也都是复兴希腊建筑形式的；勃兰登堡门以雅典卫城的山门为蓝本。

美国独立以前，建筑造型多采用欧洲式样，称为"殖民时期风格"。独立以后，美国资产阶级在摆脱殖民统治的同时，力图摆脱建筑上的"殖民时期风格"，借助于希腊、罗马的古典建筑来表现民主、自由、光荣和独立，因而古典复兴建筑在美国盛极一时。

美国国会大厦就是一个典型例子。

图 1-2-17　英国国会大厦

图 1-2-18　雄师凯旋门

11. 折衷主义（图 1-2-19）

折衷主义是 19 世纪上半叶至 20 世纪初，在欧美一些国家流行的一种建筑风格。折衷主义建筑师任意模仿历史上各种建筑风格，或自由组合各种建筑形式，他们不讲求固定的法式，只讲求比例均衡，注重纯形式美。

在 19 世纪，交通的便利，考古学的进展，出版事业的发达，加上摄影技术的发明，都有助于人们认识和掌握以往各个时代和各个地区的建筑遗产。于是出现了希腊、罗马、拜占庭、中世纪、文艺复兴和东方情调的建筑在许多城市中纷然杂陈的局面。

12. 功能主义（图 1-2-20）

功能主义建筑是认为建筑的形式应该服从其功能的建筑流派。自古以来许多建筑都是注重功能的，但到了 19 世纪后期，欧美有些建筑师为了反对学院派追求形式、不讲功能的设计思想，探求新建筑的道路，又把建筑的功能作用突出地强调起来。

随着现代主义建筑运动的发展，功能主义思潮在 20 世纪 20 ~ 30 年代风行一时。本来讲求建筑的功能是现代主义建筑运动的重要观点之一，但是后来有人把它当作绝对信条，被称为"功能主义者"。他们认为不仅建筑形式必须反映功能，表现功能，建筑平面布局和空间组合必须以功能为依据，而且所有不同功能的构件也应该分别表现出来。

图 1-2-19　巴黎歌剧院

图 1-2-20　世博会建筑场馆"水晶宫"

13. 现代主义（图 1-2-21）

现代主义建筑是指 20 世纪中叶，在西方建筑界居主导地位的一种建筑思想。这种建筑的代表人物主张：建筑师要摆脱传统建筑形式的束缚，大胆创造适应于工业化社会的条件、要求的崭新建筑。因此具有鲜明的理性主义和激进主义的色彩，又称为现代派建筑。

现代主义建筑思想先是在实用为主的建筑类型如工厂厂房建筑以及大量建造的住宅建筑中得到推行；到了 20 世纪 50 年代，在纪念性和国家性的建筑中也得到实现，如联合国总部大厦和巴西议会大厦。现代主义思潮到了 20 世纪中叶，在世界建筑潮流中占据主导地位。

14. 后现代主义（图 1-2-22）

美国建筑师斯特恩提出后现代主义建筑有三个特征：采用装饰；具有象征性或隐喻性；与现有环境融合。

美国电话电报大楼是 1984 年落成的，建筑师为约翰逊，该建筑坐落在纽约市曼哈顿区繁华的麦迪逊大道。约翰逊把这座高层大楼的外表做成石头建筑的模样。楼的底部有高大的贴石柱廊；正中一个圆拱门高 33m；楼的顶部做成有圆形凹口的山墙，有人形容这个屋顶从远处看去像是老式木座钟。约翰逊解释他是有意继承 19 世纪末和 20 世纪初，纽约老式摩天楼的样式。

图 1-2-21　包豪斯　　　　　　　　图 1-2-22　美国电话电报大楼

【复习思考】

(1) 园林与园林建筑的定义。
(2) 园林建筑有什么明显特征？
(3) 园林与园林建筑有何关系？
(4) 园林建筑的分类与作用。
(5) 中国园林建筑有什么特点。
(6) 欧洲建筑的分类与特点。

【实训任务】

自行选择一典型园林建筑进行景观分析，要求：
(1) 字数不低于 2000 字。
(2) 建筑选择具有典型性。
(3) 论述条理清晰。
(4) 语句通顺。
(5) 能够准确表达建筑的类型、特点、作用。

【学习评价】

园林与园林建筑认知学习项目评价方法与评价表见下表。

园林与园林建筑认知学习项目评价方法与评分表

项目	分值	评价标准	得分
知识点把握	40	(1) 园林建筑定义 (2) 园林建筑的明显特征 (3) 园林与园林建筑的关系 (4) 园林建筑的分类与作用 (5) 中国园林建筑的特点 (6) 欧洲建筑的分类与特点	
选择一典型园林建筑进行景观分析	50	(1) 建筑选择具有典型性 (2) 论述条理清晰 (3) 语句通顺 (4) 能够准确表达建筑的类型、特点、作用	
综合素质	10	(1) 信息收集与交换能力 (2) 主动学习能力 (3) 团队合作能力 (4) 沟通表达能力	
合计	100	合计	

项目 二 园林建筑构造识读

　　建筑的构造是为建筑设计提供可靠的技术保证。建筑构造作为建筑技术，自始至终贯穿于建筑设计的全过程，即方案设计、初步设计、技术设计和施工详图设计等每个步骤。在方案设计和初步设计阶段，应使所设计的建筑空间和外部造型具有一定的可行性；在技术设计阶段还要进一步落实设计方案的具体技术问题。完成施工局部详图是技术设计的深化和落实，能够为工程的实施提供制作和安装的具体技术条件。掌握建筑的基础、墙和柱、楼地面、楼梯、屋顶、门窗六个部分的类型、组成与材料，如图 2-1-1 所示。

　　（1）掌握建筑构造的组成。

　　（2）了解园林建筑的各组成部分的形式及材料，学会应用。

　　（3）熟悉建筑构造的识读方法并能简单进行构造的设计与材料选用。

　　（4）能够简单绘制建筑的主体构造。

　　（5）能够独立完成建筑的构造图纸的绘制。

【项目实施】

任务一　基础

> **任务描述**

（1）能够准确掌握建筑基础基本类型。
（2）能够了解基础基本结构与材料。

> **知识链接**

基础（图2-1-2）是建筑最下部分的承重构件，它承受着建筑物的全部荷载，并把这些荷载传给地基，基础的分类形式有以下几种。

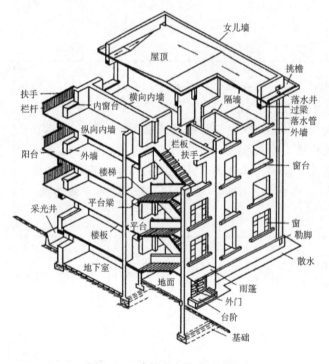

图2-1-1　建筑基本构造示意图

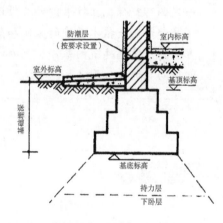

图2-1-2　基础构件示意图

一、基础分类方式

1. **按基础的构造形式分类**（图2-1-3）

（1）条形基础（图2-1-3f）：当建筑物上部结构采用墙承重时，基础沿墙身设置呈长条形，这种基础称为条形基础或带形基础。

当建筑物上部结构采用墙体承重时，基础常采用连续的条形基础。

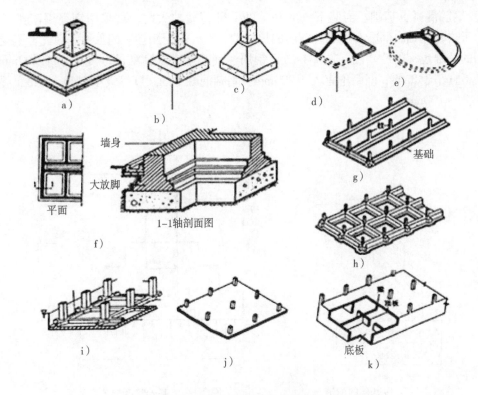

图 2-1-3 基础构造形式分类图

a）独立式基础—杯形 b）独立式基础—阶梯形 c）独立式基础—锥形 d）独立式基础—折壳
e）独立式基础—圆锥壳 f）条形基础 g）联合基础—柱下条形基础 h）联合基础—柱下十字交叉基础
i）联合基础—梁板式基础 j）联合基础—板式基础 k）联合基础—箱形基础

1）砖基础。砖砌条形基础由垫层、砖砌大放脚、防潮层和基础墙四部分组成（图 2-1-5）。大放脚的做法有间隔式和等高式两种（图 2-1-4）。

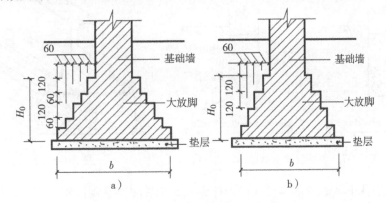

图 2-1-4 大放脚做法示意图

a）间隔式 b）等高式

基础垫层一般有灰土垫层、碎砖三合土垫层和混凝土垫层等。

砖基础台阶的宽高比为 1:1.5（图 2-1-6）。砖砌条形基础一般多用于地基土质好、五层以下的房屋。

2）钢筋混凝土基础。当墙下条形基础的上部荷载较大时，可采用钢筋混凝土条形基础。由于这种基础底部配有钢筋，钢筋的抗拉性能好，不受刚性角的限制。因此，不受刚性角限制的基础也称柔性基础（图2-1-7）。钢筋混凝土基础最薄处的厚度不小于200mm，钢筋直径不宜小于8mm，间距不宜大于200mm。基础混凝土的强度等级不宜低于C15，垫层厚度宜为70～100mm。

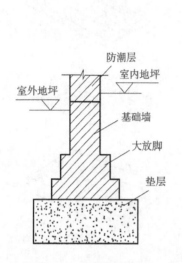

图2-1-5 砖基础的构造

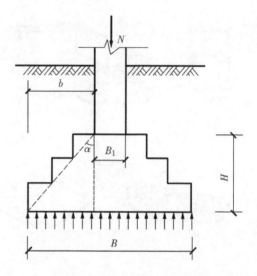

图2-1-6 基础宽度与高度关系

（2）独立基础：当建筑物上部结构为梁、柱构成的框架、排架及其他类似结构时，其基础常采用方形或矩形的单独基础，称独立基础（图2-1-8）。

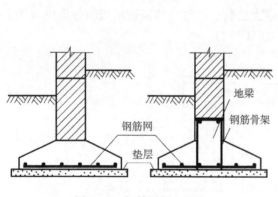

图2-1-7 钢筋混凝土基础

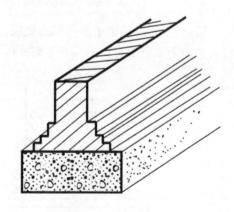

图2-1-8 独立基础

独立基础是柱下基础的基本形式。当柱为预制构件时，基础浇筑成杯形，然后将柱子插入，并用细石混凝土嵌固，称为杯形基础。

独立基础常用的断面形式有阶梯形、锥形、杯形（图2-1-9a～图2-1-9c）等。

（3）井格基础（图2-1-10）：当建筑物上部荷载不均匀，地基条件较差时，常将柱下基础纵横相连组成井字格状，称为井格基础。它可以避免独立基础下沉不均的弊病。

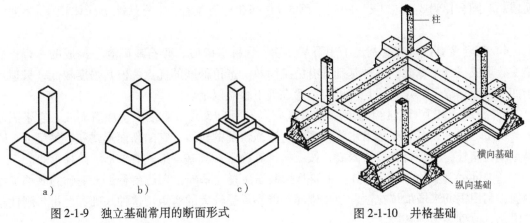

图 2-1-9　独立基础常用的断面形式　　　　图 2-1-10　井格基础
a) 阶梯形　b) 锥形　c) 杯形

（4）筏形基础。当建筑物上部荷载很大，或地基的承载力很小时，可由整片的钢筋混凝土板承受整个建筑的荷载并传给地基，这种基础形似筏子，故称筏形基础，也称满堂基础。其形式有板式和梁板式两种（图 2-1-11a、b）。

（5）箱形基础。箱形基础是一种刚度很大的整体基础，它是由钢筋混凝土顶板、底板和纵、横墙组成的（图 2-1-11c）。当钢筋混凝土基础埋置深度较大，为了增加建筑物的整体刚度，有效抵抗地基的不均匀沉降，常采用由钢筋混凝土底板、顶板和若干纵横墙组成的箱形整体来作为房屋的基础，这种基础称为箱形基础。

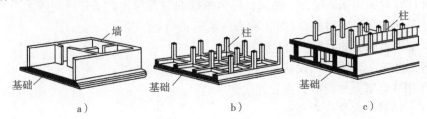

图 2-1-11　整片基础
a) 板式　b) 梁板式　c) 箱形

2. 按基础的材料及受力特点分类

（1）刚性基础。凡是由刚性材料建造、受刚性角限制的基础，称为刚性基础。刚性材料一般是指抗压强度高、抗拉和抗剪强度较低的材料。如砖、石、混凝土、灰土等材料建造的基础，属于刚性基础。

1）砖基础。砖基础断面一般都做成阶梯形，这个阶梯形通常称为大放脚。为保证大放脚的刚度，应为"二皮一收"（等高式）或"二皮一收"与"一皮一收"相间（间隔式），但其最底下一级必须用二皮砖厚。

2）毛石基础。毛石基础是用毛石和水泥砂浆砌筑而成，其剖面形状多为阶梯形，为了便于砌筑和保证砌筑质量，基础顶部宽度不宜小于500mm，且要比墙或柱每边宽出100mm。每个台阶的高度不宜小于400mm。当基础底面宽度小于700 mm 时，毛石基础应做成矩形截面。

3）灰土基础。灰土是用经过消解后的石灰粉和黏性土按一定比例加适量的水拌和夯实而成。其配合比为3:7或2:8，一般采用3:7，即3分石灰粉，7分黏性土（体积比），通常称"三七灰土"。

4）三合土基础。在砖基础下用石灰、砂、骨料（碎砖、碎石或矿渣）组成的三合土做垫层，形成三合土基础。这种基础具有施工简单、造价低廉的优点。但其强度较低，只适用于四层及四层以下的建筑，且基础应埋置在地下水位以上。

5）混凝土和毛石混凝土基础。这种基础多采用C15或C20混凝土浇筑而成，它坚固耐久、抗水、抗冰，多用于地下水位较高或有冰冻情况的建筑。它的断面形式和有关尺寸，除满足刚性角外，不受材料规格限制，按结构计算确定。其基本形式有梯形、阶梯形等。

（2）柔性基础（扩展基础）。主要是指钢筋混凝土基础，它是在混凝土基础的底部配以钢筋，利用钢筋来增加抗拉性，使基础底部能够承受较大的弯矩。这种基础不受材料刚性角的限制，故称为柔性基础。

柔性基础就是在基础受拉区的混凝土中配置钢筋，由弯矩产生的拉应力全部由钢筋承担，因而不受刚性角的限制。

柔性基础属受弯构件，混凝土的强度等级不宜低于C20，钢筋需进行计算求得，但受力筋直径不宜小于8mm，间距不宜大于200 mm。当用等级较低的混凝土作垫层时，为使基础底面受力均匀，垫层厚度一般为80～100 mm。为保护基础钢筋，当有垫层时，保护层厚度不宜小于35 mm，不设垫层时，保护层厚度不宜小于70 mm。

二、基础的埋置深度

由室外设计地面到基础底面的距离，称为基础的埋置深度。基础的埋深大于5m时，称为深基础。基础的埋深不超过5m时，称为浅基础。

影响基础埋置深度的因素主要包括：

（1）建筑物有无地下室、设备基础及基础的形式及构造等。

（2）作用在地基上的荷载大小和性质。

（3）工程地质和水文地质条件。

（4）地基土的冻结深度和地基土的湿陷。

（5）相邻建筑的基础埋深。

任务二　墙和柱

任务描述

（1）能够准确掌握墙和柱的基本类型与作用。

（2）能够了解墙和柱基本结构与材料。

知识链接

墙和柱是建筑物的垂直承重构件。它承受屋面、楼地面传来的各种荷载，并把它们传给基础。外墙同时也是建筑物的围护构件，抵御自然界各种因素对室内的侵袭，内墙同时起分隔空间的作用。

一、墙

（一）墙体的类型

1. 按墙体在建筑物中所处的位置及方向分类

（1）按墙体所处的位置不同，可分为外墙、内墙、窗间墙、窗下墙、女儿墙等。

（2）按墙体所处的方向不同，可分为纵墙和横墙。纵墙指与房屋长轴方向一致的墙，而横墙则是与房屋短轴方向一致的墙。外横墙习惯上称为山墙。

2. 按墙体受力情况分类

按墙体受力情况的不同，可分为承重墙和非承重墙（填充墙、幕墙、隔墙）。承重墙指承受上部结构传来荷载的墙；非承重墙指不承受上部结构传来荷载的墙。

非承重墙又可分为自承重墙、隔墙、填充墙（图2-2-1）和幕墙等。自承重墙仅承受自身荷载而不承受外来荷载；隔墙主要用作分隔内部空间而不承受外力；填充墙是用作框架结构中的墙体；悬挂在骨架外部或楼板间的轻质外墙为幕墙。

图2-2-1　填充墙

图2-2-2　福建土楼夯土墙

3. 按墙体材料分类

按墙体材料分有砖墙、石墙、土墙（图2-2-2）、混凝土墙、钢筋混凝土墙，以及利用各种材料制作的砌块墙、板材墙等。

其中砖墙按构造分，有实心砖墙（图2-2-3a）、空心砖墙（图2-2-3b）和复合墙（图2-2-3c）等几种类型。

实心砖墙由普通黏土砖或其他实心砖按照一定的方式组砌而成。

空心砖墙是由空心砖砌筑的墙体。

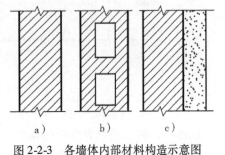

图2-2-3　各墙体内部材料构造示意图
a）实心砖墙　b）空心砖墙　c）复合墙

复合墙是指由砖或其他高效保温材料组合形成的墙体。

4. 按施工方式分类

块材墙（叠砌墙）、现浇墙（板筑墙如图2-2-4所示）、版材墙（装配式墙如图2-2-5

所示)。

块材墙是用砂浆等胶结材料将砖石块材等组砌而成;板筑墙是在现场立模板,现浇而成的墙体,例如现浇混凝土墙等;板材墙是预先制成墙板,施工时安装而成的墙,例如预制混凝土大板墙、各种轻质条板内隔墙等。

图 2-2-4 现场支模墙体(板筑墙)

图 2-2-5 装配式版材墙

(二)墙体的尺寸

(1)墙厚。一般按砖的倍数确定。如半砖墙、一砖墙、一砖半墙、两砖墙,取决于结构要求、功能性质、砖的规格。

标准砖的规格为 240mm×115mm×53mm,用砖块的长、宽、高作为砖墙厚度的基数,在错缝或墙厚超过砖块时,均按灰缝 10mm 进行组砌。从尺寸上可以看出,它以砖厚加灰缝、砖宽加灰缝后与砖长形成 1:2:4 的比例为其基本特征,组砌灵活。

灰缝宽度:10mm(允许在 8~12mm 间浮动)

常用厚度(图 2-2-6):12 墙(115mm)、18 墙(178mm)、24 墙(240mm)

37 墙(365mm)、50 墙(490mm)

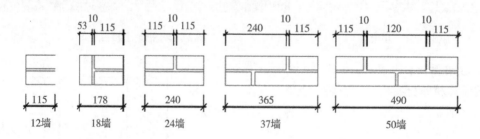
图 2-2-6 砖墙的厚度

(2)洞口与墙段尺寸。洞口的尺寸取 3M 的倍数(1m 以内 M 的倍数)(图 2-2-7);墙段长度设计时应使其符合砖的模数。

砖墙洞口主要是指门窗洞口,其尺寸应按模数协调统一标准制定,这样可减少门窗规格,提高建筑工业化的程度。因此一般门窗洞口宽、高的尺寸采用 300mm 的倍数,但是在 1000mm 以内的小洞口可采用基本模数 100mm 的倍数。

窗洞的常见尺寸:1200mm、1500mm、1800mm……

门洞的常见尺寸:700mm、800mm、900mm、1000mm、1100mm、1200mm……

墙段尺寸是指窗间墙、转角墙等部位墙体的长度。墙段由砖块和灰缝组成，普通黏土砖最小单位为115mm砖宽加上10mm灰缝，共计125mm，并以此为组合模数。按此砖模数的墙段尺寸有：240mm、370mm、490mm、620mm、740mm、870mm、990mm、1120mm、1240mm等数列。

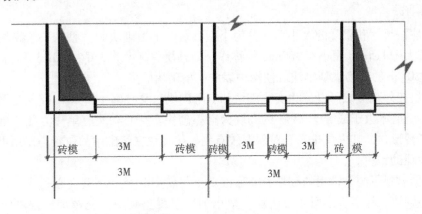

图2-2-7 砖墙洞口与墙段尺寸

（3）墙高。一般指层高，多由结构计算后确定。

经验值：24墙高控制在4m以内，必要时设圈梁加固。

（三）墙体的构造

本部分内容重点旨在介绍墙体的材料。

1. 砖

有普通实心砖、多孔砖、空心砖、蒸养（压）砖等多种。

（1）普通实心砖。普通实心砖是指没有孔洞或孔洞率小于15%的砖，可用于承重、非承重部位。

（2）烧结多孔砖、空心砖。

多孔砖：是指孔洞率大于或等于15%，孔的直径小、数量多的砖，可用于承重、非承重部位（常用砌筑6层以下的承重墙）。

烧结多孔砖为大而有孔的直角六面体，孔多而小，孔洞率不小于15%。主要用于承重部位，砌筑时孔洞垂直于受压面。烧结多孔砖的生产工艺同烧结普通砖。具有表观密度小，节省原料、燃料，保温隔热性好等优点。作为一种轻质高强的墙体材料，已被逐步推广使用。

空心砖：是指孔洞率大于15%，孔的尺寸大，数量少的砖，只能用于非承重部位。

（3）蒸养（压）砖。蒸压灰砂砖是用石灰和砂为主要原料，经坯料制备、压制成型、蒸汽养护而成的实心砖，简称灰砂砖。

蒸压灰砂砖与烧结普通砖相比耐久性较差，所以不宜用于防潮层以下的勒脚、基础及高温、有酸性侵蚀的砌体中。蒸压粉煤灰砖是以粉煤灰、石灰为主要原料，掺加适量的石膏和集料，经坯料制备、压制成型、高压蒸汽养护而成的实心砖，简称粉煤灰砖。

2. 砌块

（1）定义：砌块是砌筑用的人造块材，是一种新型墙体材料，外形多为直角六面体，也有各种异型体砌块。砌块系列中主要规格的长度、宽度或高度有一项或一项以上分别超过365mm、240mm或115mm，但砌块高度一般不大于长度或宽度的6倍，长度不超过高度的3

倍。砌块有水泥砌块和加气混凝土砌块等。

（2）构成：砌块是利用混凝土，工业废料（炉渣，粉煤灰等）或地方材料制成的人造块材，外形尺寸比砖大，具有设备简单，砌筑速度快的优点，符合了建筑工业化发展中墙体改革的要求。

（3）分类：

1）砌块按尺寸和重量的大小不同分为小型砌块、中型砌块和大型砌块。砌块系列中主规格的高度大于115mm而小于380mm的称作小型砌块、高度为380~980mm称为中型砌块、高度大于980mm的称为大型砌块。使用中以中小型砌块居多。

2）砌块按外观形状可以分为实心砌块和空心砌块。空心率小于25%或无孔洞的砌块为实心砌块；空心率大于或等于25%的砌块为空心砌块。空心砌块有单排方孔、单排圆孔和多排扁孔三种形式，其中多排扁孔对保温较有利。按砌块在组砌中的位置与作用可以分为主砌块和各种辅助砌块。

3）根据材料不同，常用的砌块有普通混凝土与装饰混凝土小型空心砌块、轻集料混凝土小型空心砌块、粉煤灰小型空心砌块、蒸压加气混凝土砌块、免蒸加气混凝土砌块（又称环保轻质混凝土砌块）和石膏砌块。吸水率较大的砌块不能用于长期浸水、经常受干湿交替或冻融循环的建筑部位。

3. 板材

墙用板材是框架结构建筑的组成部分。墙板起围护和分隔作用。墙用板材一般分为内外两种。内墙板材大多为各种石膏板材、石棉水泥板材和加气混凝土板材等。外墙大多用加气混凝土板、复合板及各种玻璃钢板等。

（1）内墙板。包括石膏类墙板、纸面石膏板、纤维石膏板、石膏空心板及纸面板材等。

1）石膏类墙板。由于石膏具有防火、轻质、隔声、抗振性好等特点，石膏类板材在内墙板中占有较大的比例。

2）纸面石膏板。纸面石膏板以熟石膏为主要原料，掺入适量的添加剂和纤维作板芯，以特制的纸板做护面，连续成型、切割、干燥等工艺加工而成。根据其使用性能分为普通纸面石膏板，耐水纸面石膏板、耐火纸面石膏板三种。

纸面石膏板适用于建筑物的非承重墙、内隔墙和顶棚，也可以用于活动房，民用住宅，商店、办公楼等。

3）纤维石膏板。纤维石膏板是以石膏为主要原料，以玻璃纤维或纸筋等为增强材料，经铺浆、脱水、成型、烘干等加工而成。一般用于非承重内隔墙、顶棚、内墙贴面等。

4）石膏空心板。石膏空心板是以石膏为主要原料，加入少量增强纤维，并以水泥、石灰、粉煤灰等为辅助材料，经浇筑成型、脱水烘干制成。适用于高层建筑、框架轻板建筑及其他各类建筑的非承重内隔墙。

5）纸面板材。纸面板材是以洁净的稻草为基材，配以脲醛树脂胶料和纸板而制得的制品。这种板材有较高强度和刚度，表观密度小，隔热保温性能好，隔声好，抗振好。在工程中用于各类建筑物的内隔墙、外墙内填充墙、顶棚等。

（2）水泥类墙板。包括GRC空心轻质隔墙板、SP预应力空心墙板及蒸压加气混凝土板等。

1）GRC空心轻质隔墙板。GRC空心轻质隔墙板是以低碱度的水泥为胶结材料，抗碱玻璃纤维为增强抗拉的材料，并配以发泡剂和防水剂，搅拌、成型、脱水、养护制成的一种轻质墙板。

GRC 空心轻质隔墙板重量轻、强度高、保温性好，施工方面，可用于一般的工业和民用建筑物的内隔墙。

2）SP 预应力空心墙板。SP 预应力空心墙板是以高强度的预应力钢绞线用先张法制成的预应力混凝土墙板。可用于承重或非承重的内外墙板，楼板、屋面板、阳台板和雨篷等。

3）蒸压加气混凝土板。蒸压加气混凝土板以粉煤灰、砂与石灰、水泥、石膏等加入少量的发泡剂及外加剂和水，经搅拌后浇筑在预先制好的钢筋网的模具中，经成型、切割、蒸压养护而成。一般用于工业和民用建筑物的内外墙和屋面。

（3）塑网加芯板。塑网加芯板是由镀锌钢丝形成骨架，中间填以阻燃的泡沫聚苯乙烯组成的一种复合墙体材料，主要用于宾馆、办公楼的内隔墙。

（4）轻质隔热夹芯板。轻质隔热夹芯板由内外两层材料黏结而成。外层是高强度材料，内层是阻燃材料。隔热保温性能好，可用于工业和民用建筑物的内外墙板、屋面板、楼板。

4. 砂浆

砂浆一般有以下几个种类。

（1）水泥砂浆。由水泥、砂加水拌和而成。它属于水硬性材料，强度高，防潮性能好，较适合于砌筑潮湿环境的砌体。

（2）石灰砂浆。由石灰膏、砂加水拌和而成。它属于气硬性材料，强度不高，常用于砌筑一般、次要的民用建筑中地面以上的砌体。

（3）混合砂浆。由水泥、石灰膏、砂加水拌和而成。这种砂浆强度较高，和易性和保水性较好，常用于砌筑工业与民用建筑中地面以上的砌体。

（四）墙体的组砌方式

墙体组砌原则：砖缝横平竖直、错缝搭接、避免通缝、砂浆饱满、厚薄均匀，如图 2-2-8、图 2-2-9 所示。

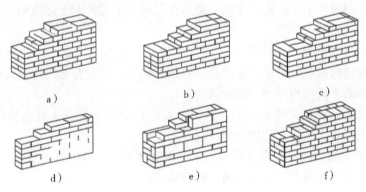

图 2-2-8 砖墙的不同组砌方式
a) 24 砖墙 一顺一丁式 b) 24 砖墙 多顺一丁式
c) 24 砖墙 十字式 d) 24 砖墙 e) 18 砖墙 f) 37 砖墙

砖墙的尺度是指厚度和墙段两个方向的尺寸。除应满足结构和功能设计要求之外，砖墙的尺度还必须符合砖的规格。以标准砖为例，根据砖块尺寸和数量，再加上灰缝，即可组成不同的墙厚和墙段。

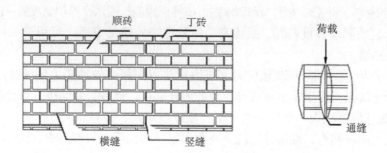

图 2-2-9　砖墙的组砌名称与错缝

（五）墙体加固

1. 直接加固方法

（1）加大截面加固法。该法施工工艺简单、适应性强，并具有成熟的设计和施工经验；适用于梁、板、柱、墙和一般构造物的混凝土的加固；但现场施工的湿作业时间长，对生产和生活有一定的影响，且加固后的建筑物净空有一定的减小。

（2）置换混凝土加固法。该法的优点与加大截面法相近，且加固后不影响建筑物的净空，但同样存在施工的湿作业时间长的缺点；适用于受压区混凝土强度偏低或有严重缺陷的梁、柱等混凝土承重构件的加固。

（3）有黏结外包型钢加固法。该法也称湿式外包钢加固法，受力可靠、施工简便、现场工作量较小，但用钢量较大，且不宜在无防护的情况下用于 600℃ 以上高温场所；适用于使用上不允许显著增大原构件截面尺寸，但又要求大幅度提高其承载能力的混凝土结构加固。

（4）粘贴钢板加固法。该法施工快速、现场无湿作业或仅有抹灰等少量湿作业，对生产和生活影响小，且加固后对原结构外观和原有净空无显著影响，但加固效果在很大程度上取决于胶粘工艺与操作水平；适用于承受静力作用且处于正常湿度环境中的受弯或受拉构件的加固。

（5）粘贴纤维增强塑料加固法。除具有粘贴钢板相似的优点外，还具有耐腐蚀、耐潮湿、几乎不增加结构自重、耐用、维护费用较低等优点，但需要专门的防火处理，适用于各种受力性质的混凝土结构构件和一般构筑物。

（6）绕丝法。该法的优缺点与加大截面法相近；适用于混凝土结构构件斜截面承载力不足的加固，或需对受压构件施加横向约束力的场合。

（7）锚栓锚固法。该法适用于混凝土强度等级为 C20 ~ C60 的混凝土承重结构的改造、加固；不适用于已严重风化的上述结构及轻质结构。

2. 间接加固方法

（1）预应力加固法。该法能降低被加固构件的应力水平，不仅加固效果好，而且还能较大幅度地提高结构整体承载力，但加固后对原结构外观有一定影响；适用于大跨度或重型结构的加固以及处于高应力、高应变状态下的混凝土构件的加固，但在无防护的情况下，不能用于温度在 600℃ 以上环境中，也不宜用于混凝土收缩徐变大的结构。

（2）增加支承加固法。该法简单可靠，但易损害建筑物的原貌和使用功能，并可能减小使用空间；适用于具体条件许可的混凝土结构加固。

3. 与混凝土结构加固改造配套使用的技术

（1）托换技术。是托梁（或桁架，以下同）拆柱（或墙，以下同）、托梁接柱和托梁换柱等技术的概称；属于一种综合性技术，由相关结构加固、上部结构顶升与复位以及废弃构件拆除等技术组成；适用于已有建筑物的加固改造；与传统做法相比，具有施工时间短、费用低、对生活和生产影响小等优点，但对技术要求较高，需由熟练工人来完成，才能确保安全。

（2）植筋技术。是一项对混凝土结构较简捷、有效的连接与锚固技术；可植入普通钢筋，也可植入螺栓式锚筋；已广泛应用于已有建筑物的加固改造工程，如：施工中漏埋钢筋或钢筋偏离设计位置的补救，构件加大截面加固的补筋，上部结构扩跨、顶升对梁、柱的接长，房屋加层接柱和高层建筑增设剪力墙的植筋等。

（3）裂缝修补技术。根据混凝土裂缝的起因、形状和大小，采用不同封护方法进行修补，使结构因开裂而降低的使用功能和耐久性得以恢复的一种专门技术；适用于已有建筑物中各类裂缝的处理，但对受力性裂缝，除修补外，尚应采用相应的加固措施。

（4）碳化混凝土修复技术（还不成熟）。是指通过恢复混凝土的碱性（钝化作用）或增加其阻抗而使碳化造成的钢筋腐蚀得到遏制的技术。

（5）混凝土表面处理技术。是指采用化学方法、机械方法、喷砂方法、真空吸尘方法、射水方法等清理混凝土表面污痕、油迹、残渣以及其他附着物的专门技术。

（6）混凝土表层密封技术。是指采用柔性密封剂充填、聚合物灌浆、涂膜等方法对混凝土进行防水、防潮和防裂处理的技术。

（7）其他技术。如结构、构件移位技术、调整结构自振频率技术等。

4. 砌体结构加固方法

砌体结构的加固分为直接加固与间接加固两类，设计时，可根据实际条件和使用要求选择适宜的方法。

适用于砌体结构的直接加固方法一般为：

（1）钢筋混凝土外加层加固法。该法属于复合截面加固法的一种。其优点是施工工艺简单、适应性强，砌体加固后承载力有较大提高，并具有成熟的设计和施工经验；适用于柱、带壁墙的加固；其缺点是现场施工的湿作业时间长，对生产和生活有一定的影响，且加固后的建筑物净空有一定的减小。

（2）钢筋水泥砂浆外加层加固法。该法属于复合截面加固法的一种。其优点与钢筋混凝土外加层加固法相近，但提高承载力不如前者；适用于砌体墙的加固，有时也用于钢筋混凝土外加层加固带壁柱墙时两侧穿墙箍筋的封闭。

（3）增设扶壁柱加固法，（图 2-2-10）。该法属于加大截面加固法的一种。其优点亦与钢筋混凝土外加层加固法相近，但承载力提高有限，且较难满足抗震要求，一般仅在非地震区应用。

适用于砌体结构的间接加固方法一般为：

（4）无黏结外包型钢加固法。该法属于传统加固方法，其优点是施工简便、现场工作量和湿作业少，受力较为可靠；适用于不允许增大原构件截面尺寸，却又要求大幅度提高截面承载力的砌体柱的加固；其缺点为加固费用较高，并需采用类似钢结构的防护措施。

（5）预应力撑杆加固法。该法能较大幅度地提高砌体柱的承载能力，且加固效果可靠；

图 2-2-10　加扶壁柱的墙

适用于加固处理高应力、高应变状态的砌体结构的加固；其缺点是不能用于温度在 600℃ 以上的环境中。

5. 砌体结构构造性加固与修补

加固方法有以下几种。

（1）增设圈梁加固，如图 2-2-11、图 2-2-12 所示。

当圈梁设置不符合现行设计规范要求，或纵横墙交接处咬槎有明显缺陷，或房屋的整体性较差时，应增设圈梁进行加固。

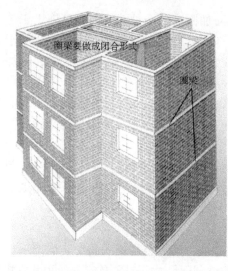

图 2-2-11　圈梁设置与位置图

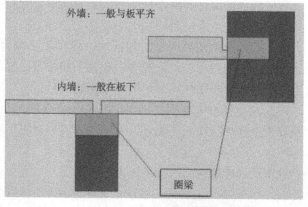

图 2-2-12　圈梁设置与位置

（2）增设梁垫加固。当大梁下砖砌体被局部压碎或大梁下墙体出现局部竖直裂缝时，应增设梁垫进行加固。

（3）砌体局部拆砌。当房屋局部破裂但在查清其破裂原因后尚未影响承重及安全时，可将破裂墙体局部拆除，并按提高砂浆强度一级用整砖填砌。

6. 砌体裂缝修补

在进行裂缝修补前，应根据砌体构件的受力状态和裂缝的特征等因素，确定造成砌体裂缝的原因，以便有针对性地进行裂缝修补或采用相应的加固措施。

7. 钢结构加固方法

钢结构加固的主要方法有：减轻荷载、改变结构计算图形、加大原结构构件截面和连接强度、阻止裂纹扩展等。当有成熟经验时，亦可采用其他加固方法。

（1）改变结构计算图形。改变结构计算图形的加固方法是指采用改变荷载分布状况、传力途径、节点性质和边界条件，增设附加杆件和支撑、施加预应力、考虑空间协同工作等措施对结构进行加固的方法。

1）改变结构计算图形的一般加固方法：

首先对结构可采用下列增加结构或构件的刚度的方法进行加固：①增加支撑形成空间结构并按空间结构验算；②加设支撑增加结构刚度，或者调整结构的自振频率等以提高结构承载力和改善结构动力特性；③增设支撑或辅助杆件使结构的长细比减少以提高其稳定性；④在排架结构中重点加强某一列柱的刚度，使之承受大部分水平力，以减轻其他柱列荷载；⑤在塔架等结构中设置拉杆或适度张紧的拉索以加强结构的刚度。

其次对受弯杆件可采用下列改变其截面内力的方法进行加固：①改变荷载的分布，例如将一个集中荷载转化为多个集中荷载；②改变端部支承情况，例如变铰接为刚结；③增加中间支座或将简支结构端部连接成为连续结构；④调整连续结构的支座位置；⑤将结构变为撑杆式结构；⑥施加预应力。

2）还有一种方法就是对桁架可采取下列改变其杆件内力的方法进行加固：①增设撑杆，变桁架为撑杆式结构；②加设预应力拉杆。

（2）加大构件截面的加固。采用加大截面加固钢构件时，所选截面形式应有利于加固技术要求并考虑已有缺陷和损伤的状况。

（3）连接的加固与加固件的连接。钢结构连接方法，即焊缝、铆钉、普通螺栓和高强度螺栓连接方法的选择，应根据结构需要加固的原因、目的、受力状况、构造及施工条件，并考虑结构原有的连接方法确定。

钢结构加固一般宜采用焊缝连接、摩擦型高强度螺栓连接，有依据时亦可采用焊缝和摩擦型高强度螺栓的混合连接。当采用焊缝连接时，应采用经评定认可的焊接工艺及连接材料。

（4）裂纹的修复与加固。结构因荷载反复作用及材料选择、构造、制造、施工安装不当等产生具有扩展性或脆断倾向性裂纹损伤时，应设法修复。在修复前，必须分析产生裂纹的原因及其影响的严重性，有针对性地采取改善结构或进行加固的措施，对不宜采用修复加固的构件，应予拆除更换。50年来，我国的结构检测与加固技术经历了从无到有、从单项到全面、从局部构件到整体结构的发展过程。特别是最近20多年，结构的检测与加固技术得到快速的发展，其应用对象已从开始阶段的单层的破旧民居扩展到建设工程中的各类结构。

二、柱

柱子是垂直承受上部荷载的构件，直接支撑梁架，是构成木构架建筑最主要的构件之一。

1. 常见柱截面

（1）圆柱。

1）直柱：整个柱径均为圆形。

2）梭柱：在2/3柱长处开始逐渐向上收拢即"杀梭"，以增加美感和立体感，也符合木材生长的自然状态。

3）拼贴组合柱。

4）空心柱和盘龙柱。

（2）方柱。分为海棠柱、长方柱、正方柱、空心柱。

（3）切角柱。有正八角柱、小八角柱。

（4）其他形式。包括梅花柱、瓜楞柱、多段合柱、包镶柱、拼贴梭柱、花篮悬柱。

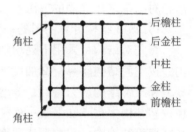

图 2-2-13　柱构件分布图

2. 柱类构件

柱类构件种类很多，按其位置不同（图 2-2-13）、作用也不相同，各有各的名称、形状和构造。

（1）檐柱。建筑物外围的柱子称为檐柱（图 2-2-14），主要承载屋檐部分的重量。

（2）金柱。位于檐柱以内的柱子称为金柱（位于纵中线的柱子除外），承载檐头以上屋面的重量。金柱依位置不同又有外围金柱和里围金柱之分，如图 2-2-15 所示。

图 2-2-14　檐柱　　　　　　　　　　　图 2-2-15　金柱

（3）重檐金柱。金柱上端继续向上延伸达于上层檐，并承载上层檐重量时称为重檐金柱。

（4）中柱。位于建筑物纵中线上的柱子称为中柱。

（5）山柱。位于建筑物两山之中的中柱称为山柱，如图 2-2-16 所示。

（6）童柱。下脚落在梁背上（如挑尖梁、挑尖顺梁、趴梁等承重梁），上端承载梁柱等木构件的柱子。

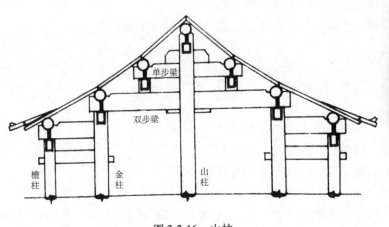

图 2-2-16　山柱

图 2-2-17　望柱

（7）擎檐柱。单纯用于支擎屋面出檐的柱子称为擎檐柱，多见于重檐或多重檐带平座的建筑物上，用来支撑较长的屋檐及角梁翼角等。

（8）雷公柱。用于庑殿建筑正脊两端，支撑挑出的脊桁的柱子，称为雷公柱。

（9）望柱。望柱也称栏杆柱，是栏板之间的短柱。望柱分柱身和柱头两部分，柱身各面常有海棠花或龙纹装饰，柱头的装饰花样繁多，常见的有龙纹、云纹等，如图 2-2-17 所示。

（10）角柱。位于建筑物转角部位，承载来自不同角度的梁枋等大木构件的柱子称为角柱，如檐角柱、金角柱、重檐金角柱、童角柱等。

任务三　楼地面

┌─────────┐
│ 任务描述 │
└─────────┘

（1）能够准确掌握楼地面的基本类型与作用。

（2）能够掌握楼地面的基本结构与材料。

┌─────────┐
│ 知识链接 │
└─────────┘

楼地面包括楼层地面（楼面）和底层地面（地面），是楼房建筑中水平方向的承重构件。楼面按房间层高将整个建筑物分为若干部分，它将楼面的荷载通过楼板传给墙或柱，同时还对墙体起着水平支撑作用。地面直接与土壤相连，它承受着首层房间的荷载。

一、楼地面工程的分类

第一类为整体现浇楼地面，如水泥砂浆、现浇水磨石、细石混凝土、菱苦土等楼地面。

第二类为各种人造、天然块材楼地面，如缸砖、地板砖、陶瓷锦砖、预制水磨石、花岗石、大理石、塑料板、橡胶板、各类木竹地板等楼地面。

第三类为地毯、塑料卷材、橡胶卷材等人造软质制品铺设楼地面等。

二、楼地面构造层次

由基层、垫层、填充层、隔离层、找平层、结合层、面层构成。

三、楼地面面层的种类

楼面的构造层次：楼板、找平层、防潮层、面层等。

地面的构造层次：夯实土基、垫层、找平层、防潮层、面层等。

1. 整体面层

水泥砂浆、混凝土、水磨石、水泥钢（铁）屑、不发火（防爆的）面层、沥青砂浆和沥青混凝土、菱苦土、踢脚板。

2. 块料面层

釉面砖、缸砖、陶瓷锦砖、红（青）砖、塑料、橡胶板（图 2-3-1）、大理石（图 2-3-2）、花岗石、地毯、木地板、活动地板。

图 2-3-1　橡胶板地面　　　　　　图 2-3-2　大理石地面

3. 楼梯面层

计算规则——楼梯面层（包括踏步、休息平台以及小于 500mm 宽的楼梯井）按水平投影面积计算。

有楼梯间的按楼梯间净面积计算；楼梯与走廊连接的，以楼梯沿口梁外缘为界，线内为楼梯面积，线外为走廊面积。

4. 台阶面层

计算规则——台阶面层（包括踏步及最上一层踏步沿 300mm）按水平投影面积计算。

5. 楼梯、台阶找平层

楼梯与台阶的组成形式多样（图 2-3-3），可根据不同的入口空间和尺度要求进行设计和选择；楼梯找平层按水平投影面积乘以系数 1.365；台阶找平层按水平投影面积乘以系数 1.48。

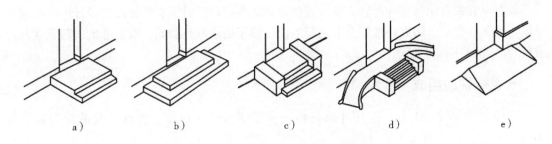

图 2-3-3　踏步与台阶的关系与形式组合

a）单面踏步式　b）三面踏步式　c）单面踏步带方形石　d）坡道　e）坡道与踏步结合

四、楼地面的种类

按照材料的不同，可分为以下几种。

1. 塑料地板楼地面

塑料地板的铺贴方法有直接铺贴（干铺）和胶粘铺贴。胶粘铺贴适用于半硬质塑料地板。

2. 木竹楼地面

木竹楼地面有单层和双层之分，有条木楼地面和拼花楼地面，按构造形式不同可分为架空式（高架式空铺）、实铺式（无地垄墙空铺）和粘贴式三种。

（1）架空式木地面。架空式木地面一般由木地板、木搁栅两部分组成。

（2）实铺式木地面。实铺式木地面，是将木搁栅直接固定在楼面或地面上，木搁栅上铺设木地板。

（3）粘贴式木地面。粘贴式木地面，是省略搁栅，直接将木地板粘贴在楼面或地面上。

3. 地毯楼地面

地毯材质：可分为真丝地毯、羊毛地毯、混纺地毯、化纤地毯、麻绒地毯、塑料地毯和橡胶绒地毯；按编织结构可分为手工编制地毯、机织地毯、无纺黏合地毯、簇绒地毯和橡胶地毯等。

固定的方法：挂毯条固定法和粘贴固定法两种。

任务四　楼梯

任务描述

（1）能够准确掌握楼梯的组成与类型。

（2）能够掌握楼梯的基本结构与材料。

（3）掌握楼梯的设计要求。

知识链接

楼梯作为建筑物垂直交通设施之一，首要的作用是联系上下交通通行；其次，楼梯作为建筑物主体结构还起着承重的作用，除此之外，楼梯有安全疏散、美观装饰等功能。

设有电梯或自动扶梯等垂直交通设施的建筑物也必须同时设有楼梯。在设计中要求楼梯坚固、耐久、安全、防火；做到上下通行方便，便于搬运家具物品，有足够的通行宽度和疏散能力。

一、楼梯的组成（图2-4-1）

楼梯由楼梯段、平台、栏杆（或栏板）和扶手几部分组成。楼梯所处的空间称为楼梯间。

1. 楼梯段

楼梯段又称楼梯跑，是楼层之间的倾斜构件，同时也是楼梯的主要使用和承重部分。它由若干个踏步组成。为减少人们上下楼梯时的疲劳和适应人们行走的习惯，一个楼梯段的踏步数要求最多不超过18级，最少不少于3级。

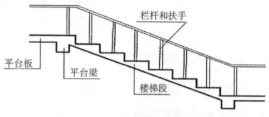

图2-4-1 楼梯组成部分示意图

2. 楼梯平台

楼梯平台是指楼梯梯段与楼面连接的水平段或连接两个梯段之间的水平段，供楼梯转折或使用者略作休息之用。平台的标高有时与某个楼层相一致，有时介于两个楼层之间。与楼层标高相一致的平台称为楼层平台，介于两个楼层之间的平台称为中间平台。

3. 楼梯梯井

楼梯的两梯段或三梯段之间形成的竖向空隙称为梯井。在住宅建筑和公共建筑中，根据使用和空间效果不同而确定不同的取值。住宅建筑应尽量减小梯井宽度，以增大梯段净宽，一般取值为100～200mm。公共建筑梯井宽度的取值一般不小于160mm，并应满足消防要求。

4. 栏杆（栏板）和扶手

栏杆（栏板）和扶手是楼梯段的安全设施，一般设置在梯段和平台的临空边缘。要求它必须坚固可靠，有足够的安全高度，并应在其上部设置供人们的手扶持用的扶手。在公共建筑中，当楼梯段较宽时，常在楼梯段和平台靠墙一侧设置靠墙扶手。

（1）扶手表面的高度与楼梯坡度有关。

（2）水平的护身栏杆应不低于1050mm。

（3）楼梯段的宽度大于1650mm（三股人流）时，应增设靠墙扶手；楼梯段的宽度超过2200mm（四股人流）时，还应增设中间扶手。

二、楼梯的设计要求

楼梯作为建筑空间竖向联系的主要部件，其位置应明显，起到提示引导人流的作用，并要充分考虑其造型美观，人流通行顺畅，行走舒适，结合坚固，防火安全，同时还应满足施工和经济条件的要求。因此，需要合理地选择楼梯的形式、坡度、材料、构造做法，精心地处理好其细部构造，设计时需综合权衡这些因素。

（1）作为主要楼梯，应与主要出入口邻近，且位置明显；同时还应避免垂直交通与水平交通在交接处拥挤、堵塞。

（2）楼梯的间距、数量及宽度应经过计算满足防火疏散要求。楼梯间内不得有影响疏散的突出部分，以免挤伤人。楼梯间除允许直接对外开窗采光外，不得向室内任何房间开窗；楼梯间四周墙壁必须为防火墙；对防火要求高的建筑物特别是高层建筑，应设计成封闭式楼梯或防烟楼梯。

（3）楼梯间必须有良好的自然采光。

三、楼梯的设计类型

建筑中楼梯的形式较多，楼梯的分类一般可按以下原则进行：

（1）按楼梯的材料分类。有钢筋混凝土楼梯、钢楼梯、木楼梯及组合材料楼梯。

（2）按照楼梯的位置分类。有室内楼梯和室外楼梯。

（3）按照楼梯的使用性质分类。有主要楼梯、辅助楼梯、疏散楼梯及消防楼梯。

（4）按照楼梯间的平面形式分类。有开敞楼梯间、封闭楼梯间、防烟楼梯间。

四、楼梯的分类

1. 楼梯间应用

（1）开敞楼梯间用于 11 层以下住宅。

（2）封闭楼梯间用于 12 层以上，采用乙级防火门。

（3）防烟楼梯间用于 19 层以上和塔式楼。

2. 其他楼梯

其他楼梯可分为如下几种：

（1）单跑楼梯（图 2-4-2a）。单跑楼梯不设中间平台，由于其梯段踏步数不能超过 18 步，所以一般用于层高较少的建筑内。

（2）交叉式楼梯（图 2-4-2b）。由两个直行单跑梯段交叉并列布置而成。通行的人流量较大，且为上下楼层的人流提供了两个方向，对于空间开敞，楼层人流多方向进入有利，但仅适合于层高小的建筑。

（3）双跑楼梯（图 2-4-2c、d、e）。双跑楼梯由两个梯段组成，中间设休息平台。图 2-4-2c 所示为双跑折梯，这种楼梯可通过平台改变人流方向，导向较自由。折角可改变，当折角≥90°时，由于其行进方向似直行双跑梯，故常用于仅上二层楼的门厅、大厅等处。当折角 <90°呈锐角时，往往用于不规则楼梯中间。

图 2-4-2d 所示为双跑直楼梯。直楼梯也可以是多跑（超过二个梯段）的，用于层高较高的楼层或连续上几层的高空间。导向性强，在公共建筑中常用于人流较多的大厅。用在多层楼面时会增加交通面积并加长人流行走的距离。

图 2-4-2e 所示为双跑平行楼梯，这种楼梯由于上完一层楼刚好回到原起步方位，与楼梯上升的空间回转往复性吻合，比直跑楼梯省面积并缩短人流行走距离，是应用最为广泛的楼梯形式。

（4）双分双合式平行楼梯（图 2-4-2f、g）。图 2-4-2f 所示为双分式平行楼梯，这种形式是在双跑平行楼梯基础上演变出来的。第一跑位置居中且较宽，到达中间平台后分开两边上，第二跑一般是第一跑的二分之一宽，两边加在一起与第一跑等宽。通常用在人流多，需要梯段宽度较大时。由于其造型严谨对称，经常被用作办公建筑门厅中的主楼梯。图 2-4-2g

所示为双合式平行楼梯，情况与双分式楼梯相似。

（5）剪刀式楼梯（图 2-4-2h）。剪刀式楼梯实际上是由两个双跑直楼梯交叉并列布置而形成的。它既增大了人流通行能力，又为人流变换行进方向提供了方便。适用于商场、多层食堂等人流量大，且行进方向有多向性选择要求的建筑中。

（6）转折式三跑楼梯（图 2-4-2i）。这种楼梯中部形成较大梯井，有时可利用作电梯井位置。由于有三跑梯段，踏步数量较多，常用于层高较大的公共建筑中。

（7）螺旋楼梯（图 2-4-2j）。螺旋楼梯平面呈圆形，通常中间设一根圆柱，用来悬挑支承扇形踏步板。由于踏步外侧宽度较大，并形成较陡的坡度，行走时不安全，所以这种楼梯不能用作主要人流交通和疏散楼梯。螺旋楼梯构造复杂，但由于其流线形造型比较优美，故常作为观赏楼梯。

（8）弧形楼梯（图 2-4-2k）。弧形楼梯的圆弧曲率半径较大，其扇形踏步的内侧宽度也较大，使坡度不至于过陡。一般规定这类楼梯的扇形踏步上、下级所形成的平面角不超过 $10°$，且每级离内扶手 $0.25m$ 处的踏步宽度超过 $0.22m$ 时，可用作疏散楼梯。弧形楼梯常用作布置在大空间公共建筑门厅里，用来通行一至二层之间较多的人流，也丰富和活跃了空间处理。但其结构和施工难度较大，成本高。

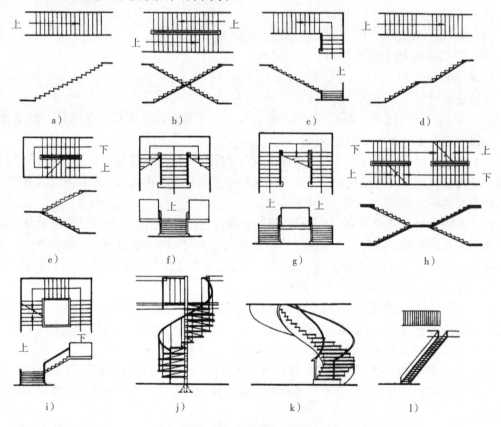

图 2-4-2　楼梯类型示意图

a）单跑楼梯　b）交叉式楼梯　c）双跑折梯　d）双跑直楼梯　e）双跑平行楼梯

f）双分式平行楼梯　g）双合式平行楼梯　h）剪刀式楼梯　i）转折式三跑楼梯

j）螺旋楼梯　k）弧形楼梯　l）专用楼梯

五、楼梯位置的确定

（1）楼梯应放在明显和易于找到的部位。

（2）楼梯不宜放在建筑物的角部和边部，以便于荷载的传递。

（3）楼梯应有直接的采光和自然通风。

（4）五层及以上建筑物的楼梯间，底层应设出入口；在四层及以下的建筑物，楼梯间可以放在距出入口不大于15m处。

六、楼梯细部尺寸

（1）踏步宽（b）、高（h）应符合以下关系之一：$b+h=450\text{mm}$、$b+2h=600\sim620\text{mm}$。

（2）梯井宽度以不小于150mm为宜。

（3）楼梯段最少踏步数为3步，最多为18步；梯段宽度取决于通行人数和消防要求。

（4）每股人流宽度＝平均肩宽（550mm）＋少许提物尺寸（0～150mm）。

任务五　屋顶

┊ 任务描述 ┊

（1）能够准确掌握屋顶的类型。

（2）能够掌握屋顶的基本结构与材料。

（3）掌握屋顶的设计要求。

（4）了解中国古典建筑屋顶形式。

┊ 知识链接 ┊

屋顶是建筑物顶部的承重和围护构件。作为承重构件，它承受着建筑物顶部的荷载，并将这些荷载传给墙或柱；作为围护构件，它抵御自然界风、雨、雪的侵袭及太阳辐射热对顶层房间的影响。

一、屋顶的类型

1. 按功能分类

（1）保温屋顶：屋顶设置保温层，以减少室内热量向外散，达到节能的目的。

（2）隔热屋顶：通过采取措施减少室内热量向外散失，保证室内温度适宜。

（3）采光屋顶：屋顶采用透光或透明材料，以满足采光和观景的需要。

（4）蓄水屋顶：屋顶上做蓄水池，蓄一定深度的水，主要起到隔热降温的作用，也有一定的观景效果。

（5）种植屋顶：屋顶上栽种花草、灌木甚至乔木等植物，既起到保温隔热的作用，又美化环境，是生态建筑的一个方面的表现。

（6）上人屋顶：屋顶作为室外使用空间，为人们日常休闲活动的场所。

2. 按屋顶防水材料分类

卷材防水屋顶、涂膜防水屋顶、刚性防水屋顶、瓦屋顶（图2-5-1）、金属结构屋顶（图2-5-2）、玻璃屋顶（图2-5-3、图2-5-4）。如国家大剧院（图2-5-5）穹顶上有近两万块钛金属板。

图2-5-1　瓦屋顶　　　　　　　　　　　图2-5-2　金属结构屋顶

图2-5-3　玻璃屋顶　　　　图2-5-4　玻璃钢架屋顶　　　　图2-5-5　国家大剧院

3. 按结构类型分类

屋顶按结构分有网架屋顶、折板屋顶、薄壳屋顶、悬索屋顶、膜屋顶等。

（1）网架结构（图2-5-6）为一种空间杆系结构，具有三维受力特点，能承受各方向的作用，并且网架结构一般为高次超静定结构，倘若一杆局部失效，仅少一次超静定次数，内力可重新调整，整个结构一般并不失效，具有较高的安全储备。其空中交汇的杆件既为受力杆件，又为支撑杆件，工作时互为支撑，协同工作，因此它的整体性好、稳定性好、空间刚度大，能有效承受非对称荷载、集中荷载和动荷载，并具有较好的抗振性能。同时，在节点荷载作用下，各杆件主要承受轴向的拉力和压力，能充分发挥材料的强度，节省钢材。而且网架结构组合有规律，大量节点和杆件的形状、尺寸相同，并且杆件和节点规格较少，便于生产，产品质量高，现场拼装容易，可提高施工速度。

（2）折板结构。折板结构（图2-5-7）是由若干狭长的薄板以一定角度相交连成折线形的空间薄壁体系。跨度不宜超过30m，适宜于长条形平面的屋盖，两端应有通长的墙或圈梁作为折板的支点。常用有V形、梯形等形式。我国常用为预应力混凝土V形折板，具有制作简单、安装方便与节省材料等优点，最大跨度可达27m。

图 2-5-6　空间网架结构　　　　　　　　图 2-5-7　折板结构

（3）壳体结构。壳体结构（图 2-5-8）可做成各种形状，以适应工程造型的需要，因而广泛应用于工程结构中，如大跨度建筑物顶盖、中小跨度屋面板、工程结构与衬砌、各种工业用管道压力容器与冷却塔、反应堆安全壳、无线电塔、储液罐等。工程结构中采用的壳体多由钢筋混凝土做成，也可用钢、木、石、砖或玻璃钢做成。

（4）悬索结构。由柔性受拉索及其边缘构件所形成的承重结构（图 2-5-9）。悬索的材料可以采用钢丝束、钢丝绳、钢绞线、链条、圆钢，以及其他受拉性能良好的线材。

图 2-5-8　壳体结构建筑　　　　　　　　图 2-5-9　悬索结构建筑

（5）膜结构。是由多种高强薄膜材料及加强构件（钢架、钢柱或钢索）通过一定方式使其内部产生一定的预张应力以形成某种空间形状，作为覆盖结构，并能承受一定的外荷载作用的一种空间结构形式（图 2-5-10）。

4. 按外观形式分类

（1）平屋顶：屋面坡度在 10% 以下的屋顶（图 2-5-11）。

（2）坡屋顶：屋面坡度在 10% 以上的屋顶（图 2-5-12、图 2-5-13）。

图 2-5-10　膜结构建筑

（3）曲面屋顶：一般适用于大跨度的公共建筑中（图2-5-14）。

还有许多其他形式屋顶。

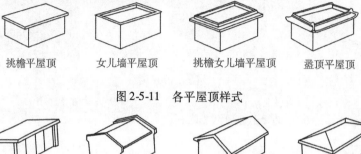

| 挑檐平屋顶 | 女儿墙平屋顶 | 挑檐女儿墙平屋顶 | 盝顶平屋顶 |

图 2-5-11　各平屋顶样式

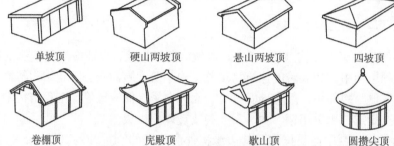

| 单坡顶 | 硬山两坡顶 | 悬山两坡顶 | 四坡顶 |

| 卷棚顶 | 庑殿顶 | 歇山顶 | 圆攒尖顶 |

图 2-5-12　各坡屋顶样式

图 2-5-13　坡屋顶

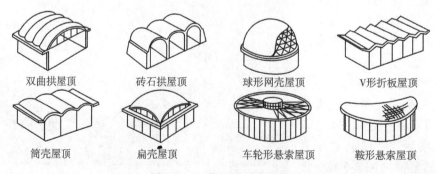

| 双曲拱屋顶 | 砖石拱屋顶 | 球形网壳屋顶 | V形折板屋顶 |

| 筒壳屋顶 | 扁壳屋顶 | 车轮形悬索屋顶 | 鞍形悬索屋顶 |

图 2-5-14　曲面屋顶的形式

5. 按屋顶风格分类

按屋顶风格可分为中式（图2-5-15、图2-5-16）、泰式（图2-5-17）等，按地域的特色可谓风格万千，如中国的北方风格、西北风格、江南风格、岭南风格（图2-5-18）、西南风格、藏族风格等。

图2-5-15　中式阁楼屋顶

图2-5-16　中式穹顶

图2-5-17　泰式屋顶

图2-5-18　岭南风格建筑图

在此，主要分析中国古典建筑屋顶及西方古典建筑屋顶。

（1）中国古典建筑屋顶。按照中国古典建筑木结构的类型不同，其构件组成也会有差异。中国古代木结构的类型有以下几种：

1）梁式（台梁式）：梁柱结构体系。

①特点：应用很广，优点是室内少柱或无柱，可获得较大的空间，空间相对灵活；缺点是柱梁等用材较大，消耗木材较多。

②叠梁式的基本构件（图2-5-19、图2-5-20）：

柱：角柱、檐柱、中柱、金柱、山柱、瓜柱。

梁：由所支承在上面的檩木根数而命名。承受几个檩子就叫几架梁。

檩：与屋脊平行的构件称为檩。取名方式与柱子名称一致。有檐檩、脊檩、上金檩、中金檩、下金檩、挑檐檩。

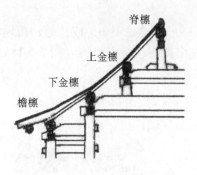

图 2-5-19　梁式结构构件分布图

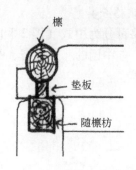

图 2-5-20　梁式结构细节分布图

2）穿斗式（立贴式）：檩柱结构体系。

①特点：在南方使用很普遍。优点是用料较小，整体刚性好；缺点是室内柱密而空间不够开阔。有时与叠梁式构架混合使用（叠梁式用于中跨，穿斗式用于山面）。

②基本构件：

柱：每根柱都落地——多见于川、滇等地。有些柱落地，有些不落地，而插于下层穿枋之上——多见于湘、鄂等地，如图 2-5-21 所示。

穿枋：穿过横向柱间将柱联成排架式屋架的构件。

挑檐：用挑枋穿过柱子，承托挑檐（檐檩），其尾穿入内柱，或是置于穿枋之下，也可用穿枋出头挑檐构成。

3）井干式：采用木头围成矩形木框，层层叠置，形成木头承重的墙体，如图 2-5-22所示。

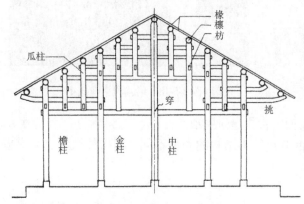

图 2-5-21　湘西穿斗式木构架

图 2-5-22　井干式屋顶样式建筑

4）硬山式：指双坡屋顶的两端山墙与屋面封闭相交，将木构架全部封砌在山墙以内，如图 2-5-23 所示。

构件包括：

柱子构件：檐柱、金柱、瓜柱、山柱。

横梁构件：架梁、随梁、抱头梁、穿插枋。

檩木：檐檩、脊檩。

构架连接件：枋子、垫板。

屋面基层：椽子、望板、飞椽、连檐、瓦口。

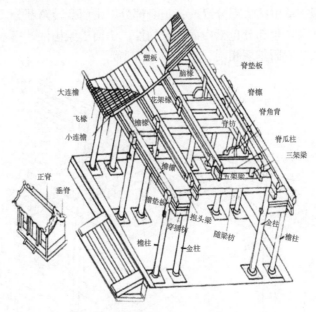

图 2-5-23　硬山式建筑结构图

5）悬山式

①特点：在硬山式建筑的基础上，加以适当改进而成。两端山墙的山尖部位，不是与屋面封闭相交，而是屋盖悬挑出山墙以外，即为"悬山"式。一般不做成带廊的形式，如图 2-5-24 所示。

②构件：

柱子构件：只有檐柱和中柱。

横梁结构：没有抱头梁和穿插枋。当采用卷棚式屋顶时，改用月梁直接承托两根脊檩。

檩木：从山尖墙向外悬挑出一个距离。

构架连接件与屋面基层：与硬山式相同。

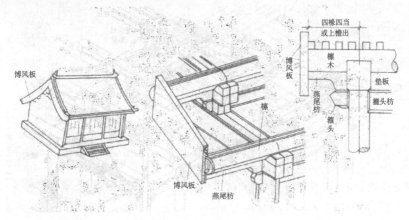

图 2-5-24　悬山木构架的山面

6）庑殿式

①分类：有单檐和重檐两大形式。

②结构：木构架主要由两大部分组成：正身部分、山面及转角部分。正身部分与硬山式建筑正身相同，山面及转角部分包括山面柱子构件、山面横梁构件、檩木、构架连接件。屋面基层与硬、悬山式的屋面基层相同，如图2-5-25所示。

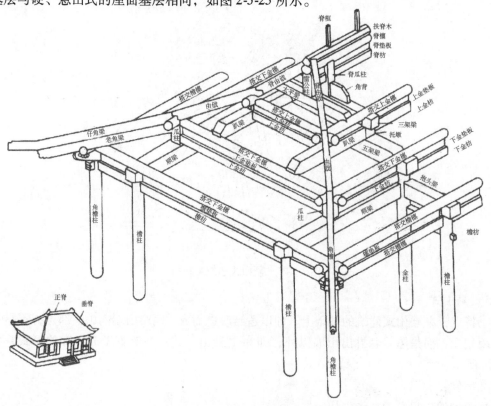

图2-5-25　庑殿式木构架

此外还有庑殿顶、攒尖顶、卷棚顶等形式，以及扇形顶、盝顶、盔顶、勾连搭顶、平顶、穿隆顶、十字顶等特殊的形式。庑殿顶、歇山顶、攒尖顶等又有单檐，重檐之别，攒尖顶则有圆形、方形、六角形、八角形等变化形式。

二、屋顶的组成

1. 基本构成

（1）屋面：防水作用。

（2）承重结构：钢筋混凝土屋面板、屋架、横墙、木构架、空间结构等。

（3）顶棚：直接式、悬索式顶棚。

（4）保温隔热层。

2. 具体构成

在此以平屋顶为例，平屋顶包括结构层、找坡层、隔热层（保温层）、找平层、结合层、附加防水层、保护层。在北纬40°以北地区，室内湿度大于75%或其他地区室内空气湿度常年大于80%时，保温屋面应设隔气层。

（1）结构层。屋顶的结构层主要采用钢筋混凝土现浇板或钢筋混凝土预制板。

（2）找坡层。屋顶坡度的形成可选择材料找坡或结构找坡。

1）材料找坡。也称垫置找坡。它是在水平的屋面板上利用材料做成不同的厚度以形成坡度。找坡材料多用炉渣等轻质材料加水泥或石灰形成。

2）结构找坡。也称搁置找坡。它是将屋面板搁置在有一定倾斜度的梁或墙上，以形成屋面的坡度。

（3）保温层。保温层常设置在承重结构层与防水层之间。常用的材料有聚苯乙烯泡沫塑料板、水泥珍珠岩、水泥蛭石、加气混凝土板等。

（4）找平层。找平层设置在结构层或保温层上面，常用15～30mm厚的1:2.5～1:3水泥砂浆做找平层，或用C15的细石混凝土做找平层。另外，也可用1:8的沥青砂浆做找平层。

（5）结合层。当采用水泥砂浆及细石混凝土为找平层时，为了保证防水层与找平层能更好地黏结，采用沥青为基材的防水层，在施工前应在找平层上涂刷冷底子油做基层处理（用汽油稀释沥青），当采用高分子防水层时，可用专用基层处理剂。

（6）防水层。防水层有刚性防水层、柔性防水层和涂料防水层三种。

（7）附加防水层。附加防水层用以加强屋面节点防水薄弱部位，对沥青类防水层可以增加一毡一油，对高聚物改性沥青卷材防水层宜采用防水涂膜增强层做附加防水层。

（8）保护层。对沥青类防水层用玛脂黏结绿豆砂或冷玛脂黏结块状材料做保护层，对高聚物改性沥青及合成高分子类防水层可用铝箔面层、彩砂及涂料等。

（9）隔气层。卷材屋面的基层必须干燥，否则其所含水分在太阳辐射热的作用下将汽化膨胀，会使卷材形成鼓泡，鼓泡严重时将导致卷材破裂。在工程实践中，除设法控制基层材料的含水量和设置隔气层外，还应采取相应的构造措施，使防水层下形成的蒸汽有一个较大的扩散场所。

三、屋顶的设计方法

屋顶是建筑中最引人注目的部位，是设计师设计的重点部位，古往今来的各国建筑师都把屋顶作为展现他们智慧和才华的舞台。所以，屋顶的形象一直受到建造师的重视。利用圆、角、方的变异创造不可胜观的屋顶造型。不同的文化区域都有突出表现屋顶的杰作、风采各异的屋顶，并以强烈的感染力吸引着观光的游客。

1. 中国传统建筑屋顶造型设计

中国传统建筑屋顶造型特点最为显著，有时比屋身更大、更突出，在古建筑立面上占有突出的地位。同时，屋顶的形式不能超级使用，等级区分体现在建筑的每一个方面，从一个小小的构件就能区分出这个建筑是何人所居。具体来说，中国传统建筑屋顶的造型设计有以下几个特点：

（1）出檐深远、庞大的屋顶对于加大建筑物的体量具有不可忽视的作用，它使中国建筑具有了雄浑之美。

（2）屋顶的样式极富变化，有庑殿、硬山、歇山、硬山、悬山等多种样式。

1）庑殿顶。是古建筑屋顶等级最高的形式。它的屋面分成前、后、左、右四坡，有一条正脊和四条斜脊，屋面稍有弧度，宋时称四阿顶。在建筑的层数上，一个屋檐的叫单檐，两个屋檐的叫重檐，更为高级。只有宫殿、陵殿或皇家御准才能使用这种屋顶形式。如北京的太和殿。

2）歇山顶。庑殿顶和硬山顶的结合，从侧面看，向下的两条脊好像是在半路上歇了一下，然后就改变了方向，折向另一个方向延伸出去了，所以侧面的上半部形成了一个类似三角形的样子，有一条正脊、四条垂脊、四条戗脊组成，所以又称九脊顶。歇山式的屋檐也分单檐和重檐，达官贵人的府邸和重要的建筑物多采用这种，如故宫保和殿。

3）硬山顶。两端山墙体略高于屋面，山墙内各有一组梁架，只是中间多一根山柱，上面托着脊檩。所有的檩头和木构件都砌在山墙内，向内的一面露出墙面，屋顶后坡有不出檐的做法，椽子只架到檐檩上而不伸出，后墙一直砌到檐口将椽头封住，称为封护檐。明、清时期及其后，硬山式屋顶广泛地应用于我国南北方的住宅建筑中。硬山式屋顶是一种等级比较低的屋顶形式，在皇家建筑和一些大型的寺庙建筑中，几乎没有硬山式屋顶。同时正因为它等级比较低，所以屋面都是使用青瓦，并且是板瓦，不能使用筒瓦，更不能使用琉璃瓦。

（3）古代匠师充分利用木结构的特点，创造了屋顶起翘、出翘等木构做法，形成了檐角和屋顶柔和优美的曲线，这种曲线形式的屋顶也是中国建筑的一个特色。

（4）屋顶上的装饰构件众多，尤其是宫殿建筑，屋顶常以小动物和仙人作为装饰，这些装饰构件全都含有吉祥、镇宅、避邪的含义。除此之外，它们对丰富屋顶的轮廓线也起了很大的作用。

2. 西方传统建筑屋顶造型设计

较之中国的传统建筑，古代的西方建筑则呈现出另一种风格。在使用材料和技术手段方面，西方与我国大为不同，但是在建筑顶部，特别是屋顶处理中，却使用了类似的处理手法。如古希腊的神庙建筑，在山花的正中端部常常配有各种式样的浮雕，这表明顶部同样也是装饰与设计的重点。如希腊的帕提农神庙分为前殿、正殿和后殿。铜门镀金，山墙尖上饰有金箔，檐部布满雕刻物并涂以红、蓝、黄等浓郁鲜明的色彩。

现代建筑语言有了全新的语汇，如条窗、角窗、玻璃幕墙等，有全新的结构形式。现代美学强调建筑造型的比例美、逻辑美、对比美、简洁美，去掉了过多的装饰，建筑思潮日益多元化、个性化，建筑的屋顶也呈现出个性化的设计。在设计中也运用了一些创新性的设计手法，如墙顶一体化的设计，将墙体和屋顶视为一个连续的立面，表现出屋顶与整个建筑体量的整体性与统一性。

任务六　门窗

（1）能够准确掌握门窗的作用与开启方式类型。
（2）能够掌握门窗的设计基本尺寸。

知识链接

一、门

门主要是供人们内外交通和隔离空间之用，另外也有采光、通风的作用。

1. 分类

按材料分类分为木门、钢门、铝合金门、塑料门等。

按开启方式分为平开门、弹簧门、推拉门、折叠门、旋转门、升降门、上翻门、卷帘门等。其他包括卷帘门、升降门、上翻门、伸缩门（图2-6-1）、感应门（图2-6-2）、旋转门（图2-6-3）等。

按功能分类：保温门、防火门（图2-6-4、图2-6-5）、隔声门等。

图 2-6-1 伸缩门

图 2-6-2 自动感应门

图 2-6-3 大型两翼自动旋转门

图 2-6-4 钢质防火门

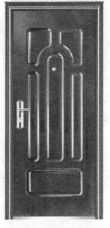

图 2-6-5 防火防盗门

图 2-6-6 平开窗

2. 门的设计

建筑入口的门是与人联系最为紧密、最为频繁的元素。门的设计与入口设计是分不开的。门的色彩、材质、造型等因素影响着入口以及建筑立面的形式。此外不同质感的门给人的视觉感受是不同的。玻璃门给人通透、清爽的感觉；木门给人稳重、大方及古典的感觉；石门给人以厚重的感觉。

3. 门的尺度

门的尺度通常是指门洞的高宽尺寸。门作为交通疏散通道，其尺度取决于人的通行要求，家具器械的搬运及与建筑物的比例关系等，并要符合现行《建筑模数协调统一标准》的规定。

（1）门的高度。一般民用建筑门的高度不宜小于2100mm。如门设有亮子时，亮子高度一般为300~600mm，则门洞高度为门扇高度加亮子高度，再加门框及门框与墙间的缝隙尺寸，即门洞高度一般为2700~3000mm。

公共建筑大门高度还可视需要适当提高。

（2）门的宽度。单扇门为700~1000mm，双扇门为1200~1800mm。

宽度在2100mm以上时，则做成三扇、四扇门或双扇带固定扇的门，因为门扇过宽易产生翘曲变形，同时也不利于开启。

辅助房间（如浴厕、储藏室等）门的宽度可窄些；储藏室一般最小可为700mm；居住建筑浴厕门的宽度最小800mm；卧室门900mm，户门1000mm以上；公共建筑门宽900mm以上。

二、窗

窗则主要是采光和通风以及眺望，同时又有分隔和围护作用。

1. 分类

按材料分类分为木窗、钢窗、铝合金窗、塑料窗、塑钢窗等。

按开启方式分为平开窗（图2-6-6）；推拉窗，分为垂直推拉和水平推拉（图2-6-8g、h）；悬窗，包括上悬窗（图2-6-7b）、下悬窗（图2-6-8e）、中悬窗（图2-6-7d）；固定窗；折叠窗；立转窗（图2-6-8f）；百叶窗（图2-6-8i）；天窗等。

2. 窗的设计

窗在立面上最常见的表现方式是采用开洞的方式。窗对建筑立面形式产生的最重要的影响是创造"虚"的效果，与实体墙面形成了虚实对比。窗户在建筑立面上的分布有规则分布与不规则分布的形式，有规律的布置窗户给人以规整的感觉，不规则的布置窗户会活跃建筑立面，赋予建筑以个性和表现力。

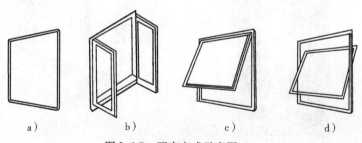

a)　　　　　　b)　　　　　　c)　　　　　　d)

图2-6-7　开窗方式示意图一

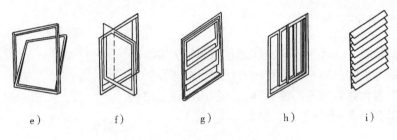

图 2-6-8 开窗方式示意图二

3. 窗的尺度

窗的尺度主要取决于房间的采光、通风、构造做法和建筑造型等要求，并要符合现行《建筑模数协调统一标准》的规定。一般采用 3M 数列作为模数。

平开木窗：窗扇高度为 800~1500mm，宽度不宜大于 500mm。

上下悬窗：窗扇高度为 300~600mm。

中悬窗：窗扇高不宜大于 1200mm，宽度不宜大于 1000mm；推拉窗：高宽均不宜大于 1500mm。

【复习思考】

（1）建筑的构造由哪几部分组成？

（2）建筑的屋顶一般有哪几类？它们之间的区别有哪些？

（3）中国园林建筑有哪些特点？

（4）各种风格建筑的分类与特点。

【实训任务】

屋顶是我国传统建筑造型中非常重要的构成因素。从古至今中国的建筑都突出屋顶的造型作用，在不同的历史时期呈现出不同形态。从我国古代建筑的整体外观上看，屋顶是其中最富特色的部分。我国古代建筑的屋顶样式非常丰富，可谓是古代建筑最宝贵的部分。

一、实训任务书

（一）具体内容

（1）列举出古代建筑的屋顶种类。

（2）依据屋顶各种类的列举，找出具体对应的案例。

（3）选取其中 3~5 种屋顶，绘制出其结构图（包括平面图、立面图、剖面图，材料图例和尺寸标注，整体结构分解图可用效果图表示）。

（二）项目要求

（1）古代建筑屋顶种类列举完整。

（2）案例选取准确恰当。

（3）结构分析全面、准确，比例适当。

（4）古代建筑屋顶材料分析准确，尺寸精准。

二、项目分析

（1）查找资料，系统整理出古代建筑屋顶的分类。
（2）按照等级的分类，依次列出古代建筑的屋顶样式。
（3）按照古代建筑的不同屋顶样式，找出准确的案例。
（4）选取其中 3~5 种屋顶，绘制结构图。

三、过程实施

四、完成图纸

五、案例总结与点评

（1）项目总结与评价，其中评价可参看评价方法与评分表。
（2）教师评价与小组互评相结合。

【学习评价】

园林建筑构造识读学习项目评价方法与评分表见下表。

园林建筑构造识读学习项目评价方法与评分表

项目	分值	评价标准	得分
知识点把握	20	（1）园林建筑的构造结构组成 （2）园林建筑的明显特征 （3）园林与园林建筑的关系 （4）园林建筑的分类与作用 （5）中国园林建筑的特点 （6）欧洲建筑的分类与特点	
过程实践	30	（1）资料收集全面 （2）案例完整、分析准确 （3）图纸绘制清晰、整洁 （4）图纸内容完整，比例恰当 （5）结构分析正确，图纸表达准确	
选择 3~5 个典型园林建筑进行结构的分析及构造图的绘制	40	（1）建筑选择具有典型性 （2）组成构造各自具有代表性 （3）构造分解清晰、表达正确合理 （4）能够准确表达建筑的类型、特点、作用	
综合素质	10	（1）信息收集与整理能力 （2）自主学习能力 （3）团队合作能力 （4）沟通表达能力	
合计	100	合计	

项目 三 建筑平面设计

 项目分析

　　建筑平面是表示建筑物各部分在水平方向的组合关系，平面设计是关键，所有方案设计也是先从平面设计着手，同时认真分析立面和剖面的可能性和合理性，反复推敲，从而不断调整完善平面设计。建筑设计常用平面图、立面图、剖面图三种建筑图综合在一起来表达，三者关系是密切联系又互相制约。通过建筑平面设计，进一步掌握设计的基本方法及其构想，加强对尺度、比例、建筑功能及建筑空间的认识。重点掌握主要使用房间面积大小、形状、尺寸、门窗在房间平面的位置的确定。

项目目标

(1) 了解建筑平面设计的性质、特点与功能，培养构思能力。

(2) 熟悉有关建筑平面的设计规范，掌握其设计方法与设计要点。

(3) 了解平面组合的形式和基地环境对平面组合的影响。

(4) 掌握主要房间的分类设计要求、面积、形状和尺寸。

(5) 掌握门窗在平面中的布置。

(6) 掌握厕所、卫生间等位置的确定及所放设备的布置。

(7) 熟悉各类住房之间的交通联系。

(8) 重点要求学会对建筑平面组合进行正确的功能分区和功能分析。

【项目实施】

任务一　主要使用房间的平面设计

任务描述

（1）会主要使用房间的平面设计，绘制平面图。
（2）会主要使用房间的造型设计，绘制立面图。
（3）会主要使用房间的剖面设计，绘制剖面图。

知识链接

一、主要使用房间的分类和设计要求

1. 主要使用房间的分类

从主要使用房间功能要求来分类，主要有：

（1）生活用的房间：住宅的起居室，卧室，宿舍和招待所的卧室等。
（2）工作、学习用的房间：各类建筑中的办公室、值班室，学校中的教室、实验室等。
（3）公共活动房间：商场的营业厅，剧院、电影院的观众厅、休息厅等。

2. 主要使用房间的设计要求

一般来说，生活、工作和学习用的房间要求安静，少干扰，由于人们在其中停留的时间相对较长，因此希望能有较好的朝向；公共活动房间的主要特点是人流比较集中，通常进出频繁，因此室内人们活动和通行面积的组织比较重要，特别是人流的疏散问题较为突出。使用房间的分类，有助于平面组合中对不同房间进行分组和功能分区。

对主要使用房间平面设计的要求主要有：

（1）房间的面积、形状和尺寸要满足室内使用活动和家具、设备合理布置的要求。
（2）门窗的大小和位置，应考虑房间的出入方便，疏散安全，采光通风良好。
（3）房间的构成应使结构构造布置合理，施工方便，也要有利于房间之间的组合，所用材料要符合相应的建筑标准。
（4）室内空间、以及顶棚、地面、各个墙面和构件细部，要考虑人的使用和审美要求。

二、主要使用房间的面积、形状和尺寸

在平面设计中，主要房间使用功能不同，对房间的面积、形状和尺寸的要求也有所不同，因此设计适宜的房间面积，选择合理的平面形状，以及确定恰当的比例尺寸是平面设计时首先要解决的问题。

1. 主要使用房间的面积

（1）房间面积的组成。为了深入分析房间内部的使用要求，我们把一个房间内部的面积，根据它们的使用特点分为三部分：①家具或设备所占面积；②人们在室内的使用活动面

积（包括使用家具及设备时，近旁所需的面积）；③房间内部的交通面积。如图 3-1-1 所示。

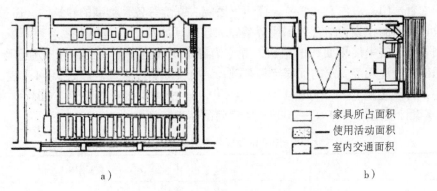

□ —— 家具所占面积
▨ —— 使用活动面积
▭ —— 室内交通面积

a)　　　　　　　　　　　　　　　　　b)

图 3-1-1　教室及卧室中室内面积分析示意图
a）教室　b）卧室

（2）房间面积的确定。从房间面积的组成来看，使用房间面积的大小，主要是由房间内部活动特点、使用人数的多少、家具设备的多少等因素决定的。因此，确定房间面积时，首先要考虑房间使用要求。

使用活动特点不同的房间，对面积有不同的要求。例如住宅的起居室、卧室，面积相对较小；剧院、电影院的观众厅，除了人多、座椅多外，还要考虑人流迅速疏散的要求，所需的面积就大；又如室内游泳池和健身房，由于使用活动的特点，要求有较大的面积。

家具设备对确定房间面积大小也有重要的影响，因此，要掌握室内家具、设备的数量和尺寸，同时还需要了解室内活动和交通面积的大小，这些面积的确定又都和人体活动的基本尺度有关。例如教室中学生就座、起立时桌椅近旁必要的使用活动面积，入座、离座时通行的最小宽度，以及教师讲课时黑板前的活动面积等。图 3-1-2 所示为人们使用床、衣柜、桌椅和柜台这些家具时所需的活动尺度。

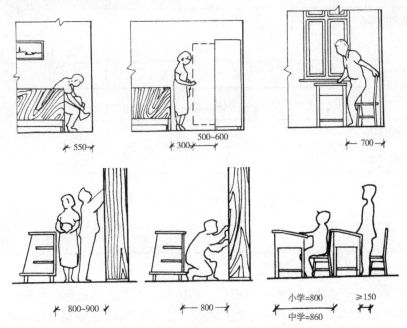

图 3-1-2　家具使用时所需的活动尺度

确定房间面积时，除了满足使用要求外，还要考虑经济条件和建筑标准。国家或所在地区设计的主管部门，对住宅、学校、商店、医院、剧院等各种类型的建筑物，通过大量调查研究和设计资料的积累，结合我国经济条件和各地具体情况，编制出一系列面积定额指标，用以控制各类建筑中使用面积的限额，并作为确定房间使用面积的依据。在实际设计工作中，根据建筑设计规范规定的面积定额基础，结合实际情况来确定。表 3-1-1 ~ 表 3-1-3 分别是《住宅设计规范》（GB 50096—2011）、《中小学校建筑设计规范》（GBJ 99—1986）和《办公建筑设计规范》（JGJ 67—2006）中房间的面积定额指标。

表 3-1-1　住宅设计规范中房间的面积定额指标

房间名称	面积定额/（m²/人）
单人卧室	≥5
双人卧室	≥9
兼起居室的卧室	≥12

表 3-1-2　中小学建筑设计规范中房间的面积定额指标

房间名称	面积定额	备注
普通教室	≥1.10m²/人	小学，按每班45人计算
	≥1.12m²/人	中学，按每班50人计算
合班教室	≥1.00m²/人	中小学
实验室	≥1.80m²/人	中学
教师办公室	≥3.50m²/人	
学生阅览室	≥1.50m²/座	
教师阅览室	≥2.10m²/座	
学生宿舍	2.70m²/床	
学生宿舍储藏间	0.10 ~ 0.12m²/人	

表 3-1-3　办公建筑设计规范中房间的面积定额指标

房间名称	面积定额/（m²/人）	备注
普通办公室	≥4.0	
单间办公室	≥10.0	
中、小会议室	≥0.8	无会议桌
	≥1.8	有会议桌

2. 主要使用房间的平面形状

主要使用房间可有多种不同的平面形状，如矩形、方形、多边形、圆形或不规则图形等。确定房间平面形状时，应综合考虑使用功能要求（包括使用活动特点、家具设备等）、结构和施工等技术条件、经济条件和空间艺术效果。

矩形房间在民用建筑中被广泛采用，如学校中的教室（图3-1-3所示为基本满足视听要求的几种常见教室平面形状），住宅中的居室，旅馆中的客房等。分析其原因，主要是矩形平面简单，墙体平直，便于家具和设备的布置，提高房间平面面积利用率；房间的开间和进深易于调整统一，平面组合灵活性较大；同时，便于结构构件统一，便于装配式施工，只要房间的长宽比例处理得当，也能达到美观大方的效果。

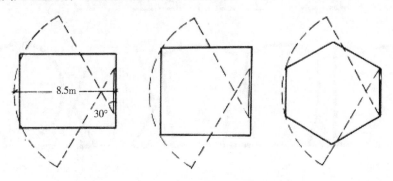

图3-1-3　教室中基本满足视听要求的平面形状

矩形教室便于桌椅和讲台等家具的布置，房间平面利用率较高，并在平面组合上有较大的灵活性能，如图3-1-4a所示。与矩形教室相比，方形教室的进深较大，在布置座位时，为满足水平视角要求，教室前部两侧难以利用的面积增大，在容纳相同人数的情况下，房间的面积有所增加。另外，从采光角度考虑，方形教室进深大，用单侧采光的组合形式将导致离窗远的学生桌面照度较低，故宜采用可以双侧采光的平面组合形式，如图3-1-4b所示。五边形、六边形等多边形教室也能满足使用要求，视听效果较好，座位布置灵活，但学生人数相同时，所需房间面积较大，同时，结构较为复杂，施工麻烦，平面组合的灵活性也不如矩形教室，如图3-1-4c所示。

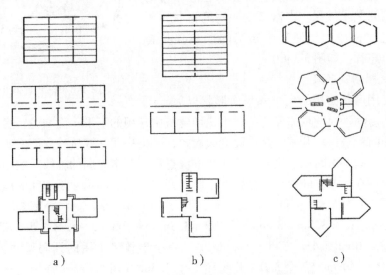

a）　　　　　　　　　b）　　　　　　　　　c）

图3-1-4　不同形状的教室结构布置和平面组合示例
a）矩形教室　b）方形教室　c）多边形教室

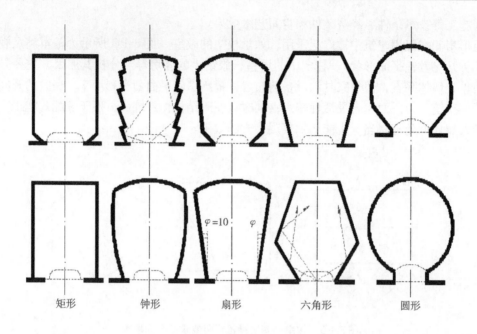

矩形　　　钟形　　　扇形　　　六角形　　　圆形

图 3-1-5　观众厅的平面形状

对于某些功能上有特殊要求的房间，往往其面积较大且不需要同类的多个房间进行组合，为满足功能要求，房间平面就有可能采用多种不同的形状，如影剧院的观众厅。其使用特点是容纳人数较多，并在视觉质量和音质效果方面要求较高。图3-1-5所示为观众厅的几种典型平面形状，均能满足不同观众厅对视听的不同要求。

设计时，在满足功能要求及技术经济合理可行的基础上考虑空间艺术效果。丰富多变的房间形状，可增添建筑的艺术感染力，使整个建筑的形象独具特色，让人难以忘怀，如图3-1-6所示。

3. 主要使用房间的尺寸

确定了使用房间面积的大小和平面形状以后，还

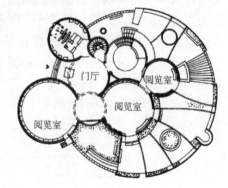

图 3-1-6　巴黎近郊儿童图书馆

要进一步确定房间平面的具体尺寸。对于民用建筑中常用的矩形平面来说，房间的平面尺寸是指房间的开间和进深。开间，又称面宽或面阔，是指房间在建筑外立面上所占的宽度；进深是指垂直于开间的房间深度尺寸。开间和进深是房间两个方向的轴线间的距离。开间、进深的轴线一般设在墙厚方向中心线位置上，此时开间、进深的尺寸是房间的净尺寸加上墙厚的尺寸，如图3-1-7所示。开间和进深一般采用3M数列。办公室和卧室常用开间和进深尺寸的组合为：2.7m×3.0m，3.0m×3.9m，3.3m×4.2m，3.6m×4.5m，3.6m×4.8m，3.6m×5.4m，3.6m×5.4m，3.6m×6.0m 等。中小学教室常用的开间尺寸为9.0m（3个3.0m开间组合）、9.3m（2个3.0m开间和1个3.3m开间组合），常用的进深尺寸为6.0m、6.3 m 和6.6m。

确定主要使用房间的平面尺寸，主要考虑以下几个方面的要求：

（1）房间的使用要求。确定房间的平面尺寸，应首先考虑室内使用活动特点和家具设备布置，并保证使用活动所需尺寸，这是确定房间尺寸的主要因素。下面以住宅的主卧室和中小学的普通教室为例加以说明。

主卧室主要使用特点是睡眠休息，需要布置双人床、床头柜、衣柜等家具。因此，确定主卧室尺寸时，首先要考虑床的布置。床的布置方式有纵横两个方向的可能，主卧室的净宽应大于床的长度加门的宽度，因此开间不宜小于3.3m。考虑还可能加布置一张小孩床或床头柜或桌椅，主卧室的净长应大于一张双人床的宽度加一张单人床的长度再加一个床头柜的宽度，故进深不宜小于4.2m，如图3-1-8所示。

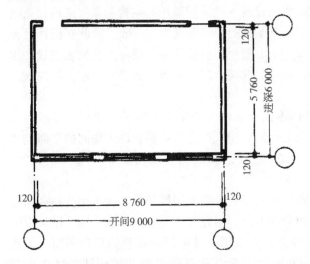

图3-1-7　矩形房间的尺寸

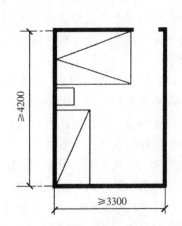

图3-1-8　主卧室平面布置与适宜尺寸

普通教室的主要使用活动特点是听课，需要布置课桌椅、讲台等家具。在确定平面尺寸时，首先要保证学生上课时视听方面的质量，即座位的排列不能太远太偏，教室讲课时黑板前要有必要的活动余地等，同时教室内课桌椅的布置还应满足学生书写要求，并便于通行及就座，如图3-1-9所示。《中小学校建筑设计规范》（GBJ 99—1986）中规定：①普通教室课桌椅的排距：小学不宜小于850mm，中学不宜小于900mm；纵向走道宽度均不应小于550mm。课桌端部与墙面（或突出墙面的内壁柱及设备管道）的净距离均不应小于120mm。②前排边座的学生与黑板远端形成的水平视角不应小于30°。③教室第一排课桌前沿与黑板的水平距离不宜小于2000mm；教室最后一排课桌后沿与黑板的水平距离：小学不宜大于8000mm，中学不宜大于8500mm。教室后部应设置不小于600mm的横向走道。

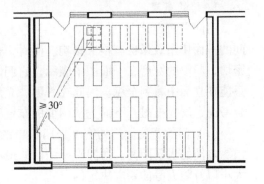

图3-1-9　教室课桌椅的布置要求

（2）采光、通风等室内环境的要求。作为大量性的民用建筑都要求有良好的天然采光和自然通风，因此，其房间的深度常受采光限制，特别是单侧采光的房间，如房间进深过大会使远离采光面一侧，出现照度不够的情况。因此，进深较大的方形平面和六角形平面的房间，希望房间两侧都能开窗采光，或采用侧光和顶部采光相结合；当平面组合中房间只能一侧开窗采光时，则沿外墙长向应布置矩形平面，以保证能够较好地满足采光均匀的要求。

一般单侧采光的房间深度不大于窗上沿到地面高度的 2 倍，双侧采光的房间深度可增大一倍，即不大于窗上沿到地面高度的 4 倍，如图 3-1-10 所示。

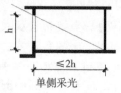
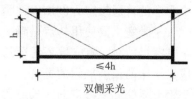

单侧采光　　　　　　双侧采光

图 3-1-10　采光要求对房间进深的影响

（3）技术经济方面的要求。房间的平面尺寸应使结构布置经济合理。目前，民用建筑一般采用墙承重结构和框架结构，该结构体系中板的经济跨度为 2.4～4.2m，钢筋混凝土梁的经济跨度为 5～9m。因此在设计过程中，对于由多个开间组成的较大的房间，如超市、餐厅、会议厅等，要考虑到梁板布置，尽量统一开间尺寸，减少构件类型，便于构件统一，并符合建筑模数制的要求，从而加快施工速度。

（4）精神和审美要求。房间的长宽比例不同，会使人产生不同的视觉感受，如窄而长的房间会使人产生向前的导向感，较为方正的房间会使人产生静止感。确定房间的平面尺寸时，应选用恰当的长宽比例，以给人正常的视觉感受。房间的长宽比以 1:1～1:1.5 为宜，会产生较好的空间艺术效果。

综合上述几方面的因素，使用活动特点、家具布置、采光通风条件、技术经济条件和总体上节约用地等，又考虑到房间之间平面组合的方便，因此普通教室的平面形状，通常以采用沿外墙长向布置的矩形平面较多，住宅卧室大多采用沿外墙短向布置的矩形平面。矩形长、宽的具体尺寸，可由家具尺寸、活动和通行宽度以及符合模数制的构件布置规格来确定。

三、门窗在房间平面中的布置

1. 门的布置

房间平面设计中，门窗的大小和数量是否恰当，它们的位置和开启方式是否合适，对房间的平面使用效果也有很大影响。同时，窗的形式和组合方式又和建筑立面设计的关系极为密切，门窗的宽度在平面图中表示，它们的高度在剖面图中确定。而窗和外门的组合形式又只能在立面中看到全貌。因此在平面、立面、剖面的设计过程中，门窗的布置须要多方面综合考虑，反复推敲。下面先从门窗的布置和单个房间平面设计的关系进行分析。

（1）门的宽度。门的宽度指门洞口的宽度。门的净宽即门的通行宽度，是指两侧门框内缘之间的水平距离。房间平面中门的最小宽度，是由通过人流多少、搬进房间家具设备的大小以及防火等的要求决定的。

根据人体尺度，每股人流通行所需宽度一般不小于 550mm，所以门的最小宽度为 600～700mm。对于通行人数不多的房间，门的宽度可按单股人流考虑，一般为 700～1000mm；通行人数较多时，可按两股人流确定门的宽度，一般为 1200～1500mm；通行人数很多时，可按三股或三股以上人流确定门的宽度，一般不小于 1800mm。例如，住宅中由于房间面积较小，人数较少，为了减少开启时门所占用的室内使用面积，卫生间门和阳台门的宽度为 700mm，厨房门的宽度为 800mm，即略大于单股人流的通行宽度，这对平面紧凑的住宅建筑，尤其显得重要。

有些房间的门，虽供少量人流通行，但要求搬运一定的家具设备，如住宅中分户门和居室的门，要考虑到一个人携带东西出入或可能搬运床、柜等尺寸较大的家具，所以其宽度要宽些，要求不应小于900mm，住宅中公用外门则更宽些，为1200mm，如图 3-1-11 所示；门的宽度及门的总宽度应符合《建筑设计防火规范》（GB 50016—2006）中的有关规定，见表 3-1-4 和表 3-1-5。

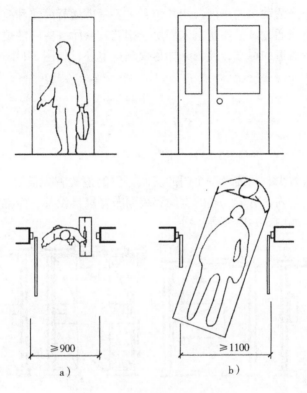

图 3-1-11　人与房门尺寸的关系

表 3-1-4　剧院、电影院、礼堂等场所每 100 人所需最小疏散净宽度　（单位：m）

观众厅座位数（座）	≤2500	≤1200
耐火等级	一、二级	三级
平坡地面	0.65	0.85
阶梯地面	0.75	1.00

表 3-1-5　体育馆每 100 人所需最小疏散净宽度　（单位：m）

观众厅座位数档次（座）	3000～5000	5001～10000	10001～20000
平坡地面	0.43	0.37	0.32
阶梯地面	0.50	0.43	0.37

为便于开启，门扇的宽度通常在1000mm以内。因此，门的宽度不超过1000mm时，一般采用单扇门；门的宽度为 1200～1800mm 时，一般采用双扇门；门的宽度超过1800mm时，一般不少于四扇门。

（2）门的数量。门的数量根据房间人数的多少、面积的大小等因素决定。同时应符合防火要求。按防火要求，当室内人数多于 50 人，房间面积大于 $60m^2$ 时，最少应设两个门，分设在房间两端，相邻两个门最近边缘之间的水平距离不应小于 5m。

（3）门的位置。房间平面中门的位置应考虑室内交通路线简捷和安全疏散的要求，门的位置还对室内使用面积能否充分利用、家具布置是否方便，以及组织室内穿堂风等关系非常大。

对于面积大、人流活动多的房间，门的位置主要考虑通行简捷和疏散安全。例如病房门应直接开向走道，不应通过其他用房进入病房。剧院观众厅一些门的位置，通常较均匀地分设，并应布置在人行通道的尽端，使观众能尽快到达室外，如图 3-1-12 所示。

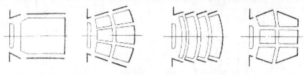

图 3-1-12　剧院观众厅中门的位置

对于面积小、人数少、只需设一个门的房间，门的位置首先需要考虑家具的合理布置。一般情况下，为了使室内留有较完整的空间和墙面布置家具设备，门常设在端部，如旅馆客房门和集体宿舍门，如图 3-1-13 所示。

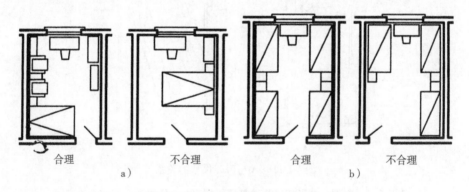

合理　　　　　不合理　　　　　合理　　　　　不合理

a）　　　　　　　　　　　　　　b）

图 3-1-13　旅馆客房、集体宿舍门位置的比较
a）旅馆客房　b）集体宿舍

（4）门的开启方式。门的开启方式类型很多，有平开门、弹簧门、推拉门等，如图 3-1-14 所示。在民用建筑中用得最普遍的是普通平开门。一般房间的门宜内开启。人数较多的房间，考虑到疏散安全的问题，门应开向疏散方向，如影剧场、体育场馆观众厅的疏散门。对有风沙、保温要求或人员出入频繁的房间，如会议室、建筑物出入口的可采用转门或弹簧门。我国有关规范还规定，对于幼儿园建筑，为确保安全，不宜设弹簧。影剧院建筑的观众厅疏散门严禁用推拉门、卷帘门、折叠门、转门等，应采用双扇外开门，门的净宽不应小于 1.4m。

图 3-1-14　平开门（单扇、双扇）、弹簧门、推拉门

有的房间由于平面组合的需要，几个房间门位置比较集中，要考虑到同时开启发生碰撞的可能性，要协调好几个门的开启方向，防止门扇碰撞或交通不便，如图 3-1-15 所示。

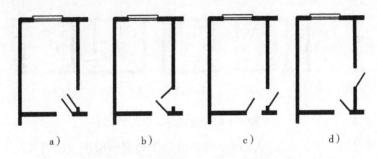

图 3-1-15　房间中两个门靠近时的开启方式

a)、b) 不正确　c)、d) 正确

房间平面中门的开启方式，主要根据房间内部的使用特点来考虑。进行平面中门开启方式设计时的一般原则：内门内开，外门外开，小空间内开，大空间外开，注意当门较集中时，必须精心协调。

2. 窗的布置

窗的主要作用是采光和通风，同时也起围护、分隔和观望作用。采光和通风效果主要取决于窗面积的大小和位置。

（1）采光方面。窗面积的大小直接影响到室内照度是否足够，窗的位置关系到室内照度是否均匀。由于影响室内照度强弱的因素，主要是窗面积的大小。因此，设计时，常采用窗地面积比来初步确定窗面积的大小。窗地面积比简称窗地比，是指窗洞口面积与房间地面面积之比。窗在离地面高度 0.50m 以下的部分不应计入有效采光面积，窗上部有宽度超过 1m 以上的外廊、阳台等遮挡物时，其有效采光面积可按窗面积的 70% 计算。

窗的平面位置，主要影响到房间沿外墙（开间）方向来的照度是否均匀、有无暗角和眩光。因此，在设计时，窗的位置应使房间的光线均匀，避免产生暗角和眩光。例如，房间的进深较大，同样面积的矩形窗户竖向设置，可使房间进深方向的照度比较均匀；中小学教室在一侧采光的条件下，窗户应位于学生左侧，窗间墙的宽度不应大于 1200mm（具体窗间墙尺寸的确定需要综合考虑房屋结构或抗震要求等因素），以免产生暗角，同时，窗户和挂黑板墙面之间的距离要适当，这段距离太小会使黑板上产生眩光，

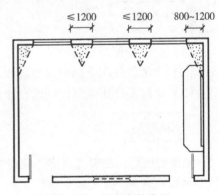

图 3-1-16　教室窗的位置

距离太大又会形成暗角，通常取 800～1200mm，如图 3-1-16 所示。

（2）通风方面。建筑物室内的自然通风，除了和建筑朝向、间距、平面布局等因素有关外，房间中窗户的位置，对室内通风效果的影响也非常关键。在实际工程设计中，一般将窗和门的位置结合考虑来解决房间的自然通风问题。房间门窗位置影响着室内的气流走向和通风范围的大小。为取得良好的通风效果，门窗位置统一设计时的原则是将门窗在房间两侧相对布置，以便组织穿堂风通过室内使用活动部分的空间，并使气流经过室内的路线尽可能

长，影响范围尽可能大，尽量减少涡流即空气不流动地带的面积。图 3-1-17 所示为不同门窗位置所产生的房间通风效果。

图 3-1-17　房间通风示意图

为了不影响房间的家具布置和使用，经常借助于高窗来解决室内通风问题。例如学校教室平面中，常在靠走廊一侧距地面 2m 左右开设高窗，以改善教室内通风条件。如果不设高窗，教室内局部区域通风不好，会形成空气涡流现象，如图 3-1-18 所示。

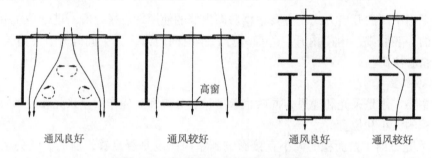

图 3-1-18　门窗位置对房间通风的影响

任务二　辅助使用空间的设计

任务描述

（1）会辅助使用空间的平面设计，绘制平面图。
（2）会辅助使用空间的造型设计，绘制立面图。
（3）会辅助使用空间的剖面设计，绘制剖面图。

知识链接

辅助使用房间随着建筑物的使用性质不同而不同，如学校中的厕所、储藏室等，住宅中的卫生间、厨房，办公楼中的盥洗室、更衣室、洗衣房、锅炉房等都属于辅助房间。这类房间的平面设计原理和方法与主要使用房间基本相同。但对于室内有固定设备的辅助使用房间，如厕所、盥洗室、浴室、卫生间和厨房等，通常由固定设备的类型、数量和布置来控制房间的形式。平面设计时，可按照下面三个基本步骤进行：

（1）根据各种建筑物的使用特点和使用人数的多少，先确定所需设备的个数，见表 3-2-1。
（2）根据计算所得的设备数量，考虑在整幢建筑物中厕所、盥洗室的分布情况。
（3）最后在建筑平面组合中，根据整幢房屋的使用要求适当调整并确定这些辅助房间的面积、平面形式和尺寸。

表 3-2-1 部分建筑类型厕所设备个数参考指标

建筑类型		男小便器/（人/个）	男大便器/（人/个）	女大便器/（人/个）	洗手盆或龙头/（人/个）	男女比例	备 注
中小学校	小学	40	40	20	90	1:1	一个小便器折合 1m 长小便槽
	中学	50	50	25	90	1:1	
综合医院	门诊部	60	120	75		6:4	一个小便器折合 0.7m 长小便槽
	病房	16	16	12	12～15	6:4	
火车站		80	80	40	150	7:3	
剧场		40	100	25	150	1:1	一个小便器折合 0.6m 长小便槽
办公楼		30	40	20	40	按实际情况	

一、厕所

1. 厕所卫生设备的类型

厕所卫生设备主要有大便器、小便器、洗手盆和污水池等（图3-2-1）。大便器有蹲式和坐式两种，可根据建筑标准和使用习惯进行选择。通常使用人数较多的公共建筑，如车站、学校、办公楼、医院等，宜选用蹲式大便器，使用方便，便于清洁。使用人数较少、标准较高或老年人使用的厕所，如住宅、宾馆、敬老院的厕所宜选用坐式大便器。另外，在公共建筑中，供残疾人使用的厕位，也宜采用坐式大便器。

小便器有小便斗和小便槽两种。应根据使用人数、对象以及建筑的标准选用小便器。一般标准的厕所多采用小便槽；小学校由于人数较多，使用时间比较集中，宜选用小便槽；而办公建筑则可选小便斗。

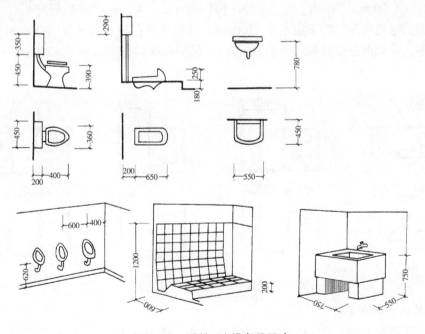

图 3-2-1 厕所卫生设备及尺寸

2. 厕所卫生设备的数量

厕所卫生设备数量可根据使用人数和使用特点，按相应的建筑设计规范中规定的设备个数指标，通过计算来确定。

3. 厕所卫生设备的布置

公共建筑中厕所内卫生设备常沿横墙并排布置，女厕大便器有单排和双排两种布置形式，男厕小便器使用频繁，宜在离门较近的地方进行布置。

建筑物中公共服务的厕所应设置前室（深度范围为 1500～2000mm），并设置双重门，这样使厕所较隐蔽，又有利于改善通向厕所的走廊或过厅处的卫生条件。有盥洗室的公共服务厕所，为了节省交通面积并使管道集中，通常采用套间布置，以节省前室所需的面积。洗手盆和污水池通常在前室布置。若无前室，应处理好门的开启方向，以解决视线遮挡问题，如图 3-2-2 所示。

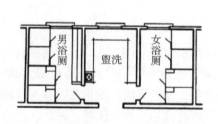
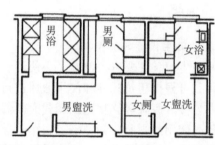

图 3-2-2 厕所布置示例

4. 厕所的平面尺寸

厕所的平面尺寸可根据卫生设备的布置形式、尺寸和人体活动所需尺度来确定。

为方便使用，大便器通常布置在厕所隔间内。厕所隔间的平面尺寸，采用外开门时不应小于 900mm×1200mm，采用内开门时不应小于 900mm×1400mm；单侧隔间至对面墙面或小便器的净距，采用内开门时不应小于 1100mm，采用外开门时不应小于 1300mm；双侧隔间之间的净距，采用内开门时不应小于 1100mm，采用外开门时不应小于 1500mm，如图 3-2-3 和图 3-2-4 所示。

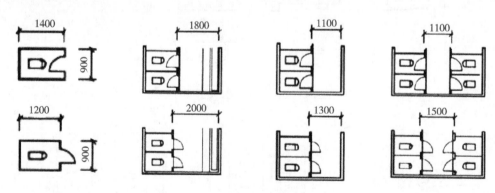

图 3-2-3 厕所卫生设备布置及所需尺寸

5. 厕所的平面位置

厕所在建筑平面中的位置确定应本着位置隐蔽、使用方便、空气清洁的原则。厕所设计的一般要求有：

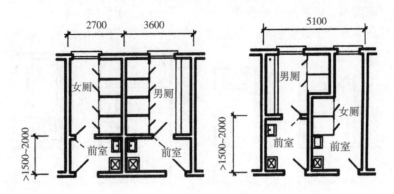

图 3-2-4 厕所的平面尺寸

（1）宜布置在建筑物的转角处、走道的端部等靠近楼梯或出入口的位置。

（2）使用量大的公共建筑厕所的位置应有天然采光和不向邻室对流的自然通风，并尽量利用差的朝向，以保证主要房间有好的朝向。使用人数少的厕所可间接采光或采用人工照明，但应考虑设置排气设备，以保证厕所内的空气清洁。

（3）男女厕所常并排布置，并与盥洗室、浴室毗邻。各层厕所的位置应上下对齐，以节约管道和方便施工。

二、卫生间

1. 设备规格与数量

卫生间的设备主要有洗脸盆、沐浴器、浴盆、大便器等，其规格尺寸如图 3-2-5 所示。除此以外，公共浴室还有更衣室，其中主要设备有挂衣钩、衣柜、更衣凳等。设计时可根据使用人数确定卫生器具的数量。同时结合设备尺寸及人体活动所需的空间尺寸进行房间布置。

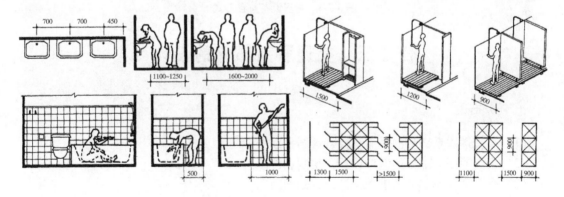

图 3-2-5 浴室、盥洗室的设备尺寸

2. 设计要求与布置方式

公共卫生间的位置确定要考虑到使用频率较高的厕所和盥洗室的功能，希望设在使用方便而又较隐蔽之处，并保证有良好的自然通风和天然采光。

专用卫生间则要求与使用房间结合，可沿内墙布置，设在靠走廊一端，不应向客房或走道开窗，采用人工照明和竖向通风道机械通风；也可沿外墙布置，采用直接采光和自然通风。

卫生间要严密防水、防渗漏，并选择不吸水、不吸污、耐腐蚀、易于清洗防滑的墙面和地面材料。室内标高要略低于走道标高，并应由不小于1%的坡道坡向地漏，如图3-2-6所示。

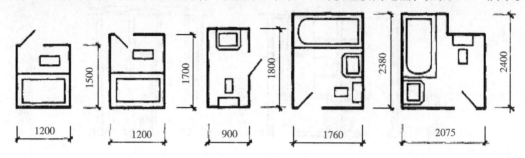

图 3-2-6　专用卫生间布置示例

三、专用厨房

专用厨房是指住宅、公寓等建筑中每户的专用厨房。厨房的主要功能是炊事，有的厨房兼有用餐功能。厨房的主要设备有炉灶、洗涤池、案台、排油烟机及冰箱等，设备的平面布置形式主要有单排、双排、L形、U形几种，如图3-2-7所示。

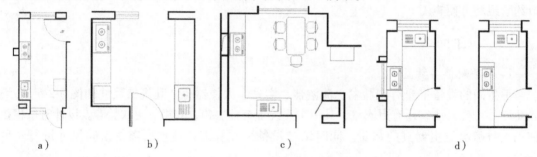

　　　a)　　　　　　　b)　　　　　　　　c)　　　　　　　　d)

图 3-2-7　厨房设备布置形式

任务三　交通联系部分的设计

【任务描述】

（1）会交通联系部分的平面设计，绘制平面图。
（2）会交通联系部分的造型设计，绘制立面图。
（3）会交通联系部分的剖面设计，绘制剖面图。

【知识链接】

（1）交通联系部分的主要作用是交通联系，把建筑物的各类用房联系起来。因此，交通联系部分的平面设计是否合适直接关系到整个建筑中各个部分的联系是否便捷，同时对房屋造价、建筑用地等均有影响。

（2）建筑物的交通联系部分可以分为以下几类：

1）水平交通联系的走廊、过道等。

2）垂直交通联系的楼梯、坡道、电梯、自动扶梯等。

3）交通联系枢纽的门厅、过厅等。

（3）交通联系部分的面积，在一些常见的建筑类型如宿舍、教学楼、医院或办公楼中，约占建筑面积的 1/4。这部分面积设计得是否合理，除了直接关系到建筑中各部分的联系通行是否方便外，它也对房屋造价、建筑用地、平面组合方式等许多方面有很大影响。

（4）交通联系部分的设计原则：

1）联系通行方便，交通路线简捷明确。

2）人流通畅，紧急疏散时迅速安全。

3）有良好的采光和通风。

4）力求节省交通面积，同时考虑空间处理等造型问题。

（5）进行交通联系部分的平面设计，首先需要具体确定走廊、楼梯等通行疏散要求的宽度，具体确定门厅、过厅等人们停留和通行所必需的面积，然后结合平面布局考虑交通联系部分在建筑平面中的位置以及空间组合等设计问题。

一、过道

过道又称走廊，主要功能是联系建筑物同层内的各个房间、楼梯和门厅等各部分，以解决房屋中水平联系和疏散问题。还兼有其他的使用功能。例如教学楼中过道，兼有学生课间休息活动的功能；医院门诊过道，兼有病人候诊的功能。

过道的平面设计主要是确定过道的宽度和长度，解决过道的采光和通风。

1. 过道的宽度

过道的宽度主要应符合人流通畅、家具设备运行和建筑防火要求。

过道宽度一般情况下根据人体尺度及人体活动所需空间尺寸确定，单股人流过道宽度净尺寸为 550~600mm，在通行人数少的住宅过道中，考虑到两人相对通过和搬运家具的需要，过道的最小宽度不宜小于 1100~1200mm，在通行人数较多的公共建筑中，应考虑三股人流通行，其净宽 1500~1800mm。对于考虑房间门向过道一侧开启的情况，视其具体情况加宽，例如公共建筑门扇开向过道时，过道宽度通常不小于 1500mm，如图 3-3-1 所示。

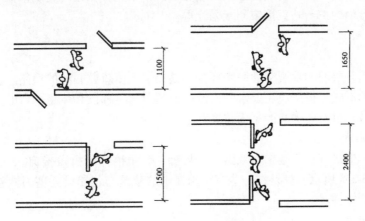

图 3-3-1 门的开启方向对过道宽度的影响

设计过道的宽度，应根据建筑物的耐火等级、层数和过道中通行人数的多少，进行防火要求最小宽度的校核，见表 3-3-1，必须满足防火要求，以保证紧急状态下的人流疏散。

表 3-3-1　过道、楼梯、外门的净宽度指标

宽度/（m/100 人）		房间耐火等级		
		一、二级	三级	四级
房间层数	一、二层	0.65	0.75	1.00
	三层	0.75	1.00	—
	≥三层	1.00	1.25	—

2. 过道的长度

过道的长度主要是根据建筑物的使用要求、平面布局的实际需要以及防火疏散的安全等要求来确定。房间门到疏散口的疏散方向有单向和双向之分，双向疏散的过道称为普通过道，单向疏散的过道称为袋形过道。这两种过道从房间门到楼梯间或外门的最大距离，根据建筑物的性质和耐火等级，《建筑设计防火规范》（GB 50016—2014）中做了规定和限制，如图 3-3-2 所示。

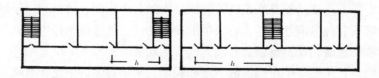

图 3-3-2　房间到楼梯间的最大距离

3. 过道的采光

为了使用安全、方便和减少过道的空间封闭感，除了某些公共建筑过道可用人工照明外，一般过道应有直接的天然采光，窗地面积比不低于 1/12 为宜。

单面过道可直接采光，易获得较好的采光通风效果。中间过道即两侧布置房间的过道常用的采光方式是在走道两端开窗直接采光；利用门厅、过厅、开敞式楼梯间来采光；在办公楼、学校建筑中常利用房间两侧高窗或门上亮子直接采光；在医院建筑中常利用开敞的候诊室和利用隔断分隔的护士站直接或间接采光等。

二、楼梯

楼梯是房屋各层间的垂直交通联系部分，是楼层人流疏散必经的通路。楼梯设计主要是选择适当的楼梯形式；根据使用要求和人流通行情况确定梯段和休息平台的宽度；考虑整幢建筑的楼梯数量；以及楼梯间的平面位置和空间组合。

1. 楼梯的形式

楼梯的基本形式有直跑楼梯、双跑平行楼梯、转角楼梯（折角楼梯）、三跑楼梯、螺旋楼梯等，如图 3-3-3 所示。另外在一些有特殊要求的建筑与位置设置剪刀式楼梯、交叉式楼梯、圆形或弧形楼梯。

2. 楼梯的宽度

楼梯的宽度，通常是指楼梯梯段宽度，即梯段边缘或墙面之间垂直于行走方向的水平距

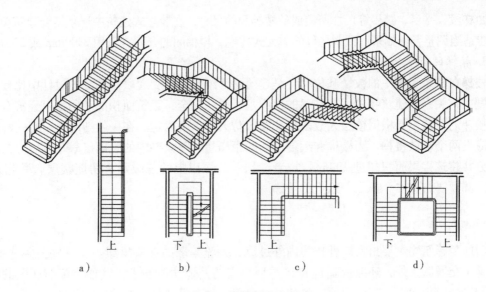

图 3-3-3 楼梯的基本形式

a) 直跑楼梯（双梯段） b) 双跑平行楼梯 c) 转角楼梯 d) 三跑楼梯

离。楼梯梯段净宽即梯段的通行宽度，是指墙面至扶手之间垂直于行走方向的水平净距离。

楼梯的宽度的确定也是根据通行人数的多少和建筑防火要求决定的。要满足使用方便和安全疏散的要求。

梯段的宽度，和过道一样，考虑两人相对通过，所以通常按双股人流通过所需的宽度设计，一般不小于 1100～1200mm。一些辅助楼梯，从节省建筑面积出发，把梯段的宽度设计得小一些，考虑到同时有人上下时能有侧身避让的余地，梯段的宽度也不应小于 850～900mm（单股人流）。人流较多的建筑，按三股人流通过为 1650～1800mm，如图 3-3-4 所示。所有梯段宽度的尺寸，也都需要以防火要求的最小宽度进行校核，防火要求宽度的具体尺寸和对过道的要求相同。高层建筑疏散楼梯梯段的最小宽度，医院为 1300mm，住宅为 1100mm，其他建筑为 1200mm。

楼梯平台的宽度，除了考虑人流通行外，还须要考虑搬运家具的方便，平台的宽度不应小于梯段的宽度，如图 3-3-4 所示。

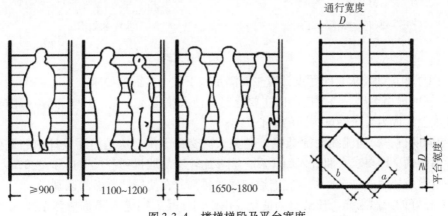

图 3-3-4 楼梯梯段及平台宽度

由梯段、平台、踏步等尺寸所组成的楼梯间的尺寸，在装配式建筑中还须结合建筑模数制的要求适当调整，例如采用预制构件的单元式住宅，楼梯间的开间常采用2400mm或2700mm。

3. 楼梯的数量和位置

楼梯在建筑平面中的数量和位置，是建筑平面组合中、交通联系部分的设计中比较关键的问题，它关系到建筑物中人流交通的组织是否通畅安全，建筑面积的利用是否经济合理。

楼梯的数量主要根据楼层人数多少和建筑防火要求来确定。在一般情况下，每一幢建筑中均应设两个疏散楼梯。当楼梯和远端房间的距离超过防火要求的距离（表3-3-1），二至三层的公共建筑楼层面积超过200m²，或者二层及二层以上的三级耐火房屋楼层人数超过50人时，都须要布置二个或二个以上的楼梯。

三、门厅

门厅是建筑物主要出入口处作为内外过渡、人流集散的交通枢纽。在一些公共建筑中，门厅除了交通联系外，还兼有适应建筑类型特点的其他功能要求，例如旅馆门厅中的服务台、问讯处或小卖部，门诊门厅中的挂号、取药、收费等部分，有的门厅还兼有展览、陈列等使用要求。

（1）门厅的面积大小，主要根据建筑物的使用性质和规模确定，在调查研究、积累设计经验的基础上，根据相应的建筑标准，不同的建筑类型都有一些面积定额可以参考，例如中小学的门厅面积为每人0.06～0.08m²，电影院的门厅面积，按每一观众不小于0.1～0.5m²计算，一些兼有其他功能的门厅面积，还应根据实际使用要求相应地增加。

（2）门厅的布置方式。门厅的布置方式可以分为对称式和非对称式两类。对称式强调的是轴线的方向感，如用于学校、办公楼等建筑的门厅；非对称式布置灵活多样，没有明显的轴线关系，常用于旅馆、医院、电影院等建筑，如图3-3-5所示。

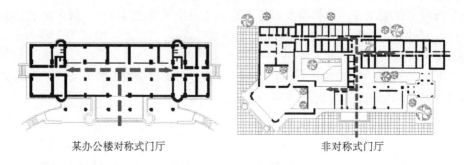

某办公楼对称式门厅　　　　　　　　　　　　非对称式门厅

图3-3-5　门厅的布置方式

（3）门厅的设计要求。门厅设计应主要满足以下几个方面的要求：

1）位置明显而突出。通常应面向主要道路，使人流出入方便，并多布置在建筑物的主要构图轴线上，成为整个建筑构图的中心。

2）导向明确，交通流线简捷通畅，避免人流交叉干扰。这是门厅设计中的重要问题。门厅的导向明确，即要求人们进入门厅后，能够比较容易地找到各过道口和楼梯口，并易于辨别这些过道或楼梯的主次，以及它们通向房屋各部分在使用性质上的区别。

3）有良好的天然采光，较高空间造型。由于门厅是人们进入建筑物首先到达、经常经过或停留的地方，因此门厅的设计，除了要合理地解决好交通枢纽等功能要求外，门厅内的空间组合和建筑造型要求，也是一些公共建筑中重要的设计内容之一。

4）应使疏散安全。和所有交通联系部分的设计一样，疏散出入安全也是门厅设计的一个重要内容，门厅对外出入口的总宽度，应不小于通向该门厅的过道、楼梯宽度的总和，人流比较集中的公共建筑物，门厅对外出入口的宽度，一般按 0.6m/100 人计算。外门必须向外开启或尽可能采用弹簧门内外开启。

5）应注意防雨、防风和防寒等要求。为防止风雨或寒气的侵袭，通常在门厅前设置雨篷、门廊或门斗等。雨篷、门廊、门斗的设置，也是突出建筑物的出入口，进行建筑重点装饰和细部处理的设计内容。

任务四　建筑平面组合设计

任务描述

（1）会建筑平面组合设计，绘制平面图。

（2）能合理解决各种功能问题。

（3）会进行设计说明的编写以及汇报文件 PPT 的制作。

知识链接

建筑平面的组合设计，一方面，是从建筑整体的使用功能、技术经济和建筑艺术等角度，将平面各组成部分组合在一起，进而来分析平面组合设计的要求；另一方面，还必须考虑总体规划、基地环境对建筑单体平面组合的要求。即建筑平面组合设计须要综合分析建筑本身提出的，以及总体环境对单体建筑提出的，内外两方面的要求。

建筑平面组合设计的主要任务是：

（1）根据建筑物的使用和卫生等要求，合理安排建筑各组成部分的位置，并确定它们的相互关系。

（2）组织好建筑物内部以及内外之间方便和安全的交通联系。

（3）考虑到结构布置、施工方法和所用材料的合理性，掌握建筑标准，注意美观要求。

（4）符合总体规划的要求，密切结合基地环境等平面组合的外在条件，注意节约用地和环境保护等问题。

一、建筑平面组合设计的要求

1. 功能方面的要求

当建筑物中房间较多，使用功能又比较复杂，在进行平面组合设计时，首先要对其进行功能分区，即将这些房间按照它们的使用性质以及联系的紧密程度，进行分组分区。功能分区通常借助于功能分析图来进行，功能分析图是用框图的形式来表示，能够比较形象地表示功能分区以及建筑物各部分的功能关系和使用顺序和相互之间的联系。

进行功能分区时，对于房间类型和数量较少、功能关系较为简单明确的建筑，可直接按房间类型进行功能分区。如住宅可分为起居室、卧室、厨房、餐厅、卫生间等功能区，如图

3-4-1 所示。对于功能比较复杂的建筑，功能分区可由大到小，由粗到细逐步进行。如中小学校的教学楼可先分为教学区和办公区两大部分，而教学区又可分为教学静区和教学闹区。其中教学静区可再分为普通教室、专业教室、合班教室、实验室、阅览室等功能区，如图 3-4-2 所示。在设计时先处理好教学与办公之间以及教学静区与教学闹区之间的功能关系，在此基础上再深入分析教学静区中各部分之间的功能关系，最后进行各个房间的布置。

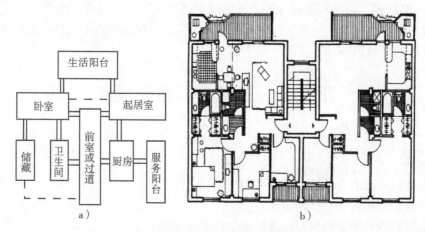

图 3-4-1　住宅的功能分区及平面组合示例
a）功能分析图　b）平面图

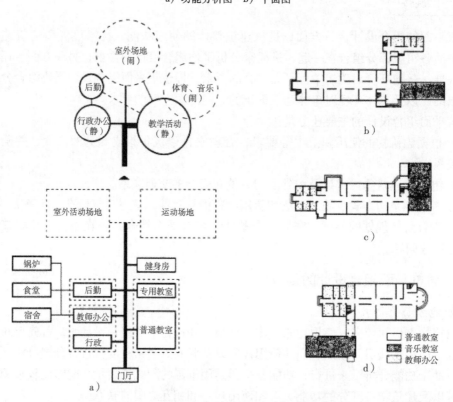

图 3-4-2　教学楼的功能分区及平面组合示例
a）中学的功能分区　b）教学楼以门厅区分三部分
c）声响较大的教室在教学楼尽端　d）声响较大的教室在教学楼外单独设置

在平面组合设计中，建筑物各部分之间的功能关系主要有以下几种：

　　（1）主从关系。一幢建筑物，根据它的功能特点，平面中各个房间相对来说总是有主有次，例如学校教学楼中，满足教学的教室、实验室等，应是主要的使用房间，其余的管理、办公、储藏、厕所等属次要房间；住宅建筑中，生活用的起居室、卧室是主要的房间，厨房、浴厕、储藏室等属次要房间。同样，商店中的营业厅、体育馆中的比赛大厅，也属于主要房间。平面组合时，要根据各个房间使用要求的主次关系，合理安排它们在平面中的位置，上述教学、生活用主要房间，应考虑设置在朝向好、比较安静的位置，以取得较好的日照、采光、通风条件；公共活动的主要房间，它们的位置应在出入和疏散方便，人流导向比较明确的部位。如图 3-4-3a、b 所示。

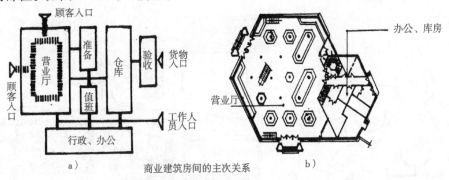

图 3-4-3　商业建筑房间的功能分区及平面组合示例

a）功能分析图　b）平面图

　　（2）内外联系。建筑物中各类房间或各个使用部分，有的对外来人流联系比较密切、频繁，例如商店的营业厅，门诊所的挂号、问讯，食堂的就餐厅等房间，它们的位置需要布置在靠近人流来往的地方或出入口处。有的主要是内部活动或内部工作之间的联系，例如商店的行政办公、生活用房、门诊所的药库、化验室等，这些房间主要考虑在使用时和有关房间的联系，可以布置在建筑物的里侧，远离对外出入口，或设置单独的内部出入通道，如图 3-4-4 所示。

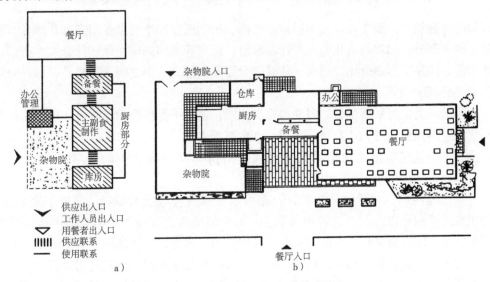

图 3-4-4　餐厅的功能分区及平面组合示例

（3）联系和分隔。在建筑平面组合时要考虑到房间之间的联系与分隔，将联系密切的房间相对集中，把既有联系又因使用性质不同，避免相互之间干扰的房间适当分隔。在分析功能关系时，常根据房间的使用性质如"闹"与"静""清"与"污"等方面进行功能分区，使其既分隔而互不干扰，且又有适当的联系。

例如学校建筑，可以分为教学活动、行政办公以及生活后勤等几部分，教学活动和行政办公部分既要分区明确，避免干扰，又要考虑分属两个部分的教室和教师办公室之间的联系方便，它们的平面位置应适当靠近一些；对于使用性质同样属于教学活动部分的普通教室和音乐教室，由于音乐教室上课时对普通教室有一定的声响干扰，它们虽属同一个功能区中，但是在平面组合中却又要求有一定的分隔，如图3-4-5所示。

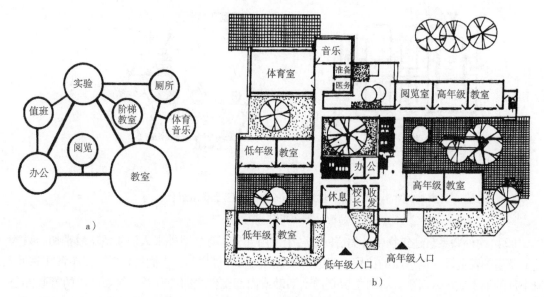

图 3-4-5　教学楼房间的功能分区及平面组合示例
a）教学楼各房间的功能关系　b）某小学体育室、音乐室布置在教学楼一端

又如医院建筑中，通常可以分为门诊、住院、辅助医疗和生活服务用房等几部分，其门诊和住院两个部分，都和包括化验、理疗、放射、药房等房间的辅助医疗部分关系密切，需要联系方便；但是门诊部分比较嘈杂，住院部分需要安静，它们之间又需要有较好的分隔。

2. 结构方面的要求

不同的结构类型对平面组合的限制和要求不同。进行平面组合设计时，应根据使用功能要求和室内空间构成特点，选择经济合理的结构布置方案。

目前，民用建筑常用的结构类型有墙承重结构（或砖混结构）、框架结构、空间结构等。

（1）墙承重结构。墙承重结构的特点是由墙来承受楼板或屋面板、梁传下来的荷载，墙既要用来围护和分隔空间，又要用来承重。由于墙的间距和位置受板和梁的经济跨度限制，因此，墙不能自由灵活地分隔空间，具有明显的局限性，极大地限制了平面组合的灵活性。一般适用于层数较低、房间面积较小且同类房间数量较多的中小型民用建筑。

（2）框架结构。通常采用钢筋混凝土或钢的框架结构，它是以钢筋混凝土或钢的梁、柱连接的结构布置。框架结构布置的特点是梁柱承重，墙体只起分隔、围护的作用，房间布置比较灵活，门窗开置的大小、形状都较自由，但钢及水泥用量大，造价比混合结构高。适用于房间的面积较大，层高较高、荷载较重，或建筑物的层数较多的建筑物的结构布置，如实验楼、大型商店、多层或高层旅馆等。

（3）空间结构。随着建筑技术、建筑材料和结构理论的进步，新的结构形式——空间结构迅速发展起来，它有效地解决了大跨度建筑空间的覆盖问题，同时也创造出了丰富多彩的建筑形象。空间结构有网架结构、悬索结构、壳体结构、折板结构等多种形式。空间结构的特点是跨度大、自重轻、受力合理、用材经济，并且平面形式多样，能适应不同形状的建筑平面。空间结构的建筑平面特点是在大空间内不出现柱子。适用于以大空间为主体的建筑，尤其是大空间内不允许出现柱子的建筑，如剧院的观众厅、体育馆的比赛大厅等。

（4）设备管线。民用建筑中的设备管线主要包括给水排水，采暖空调、燃气、电器、通信、电视等管线。它们都占有一定的空间。在满足使用要求的同时，应尽量将设备管线相对集中布置、上下对齐，方便使用，有利施工和节约管线，图3-4-6所示为旅馆卫生间管道井布置。

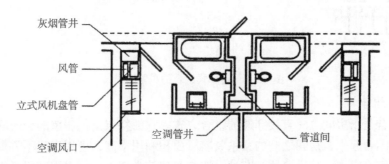

图 3-4-6　旅馆卫生间管道井布置

二、建筑平面组合形式

建筑物的平面组合，是综合考虑房屋设计中内外多方面因素，反复推敲所得的结果。建筑功能分析和交通路线的组织，是形成各种平面组合方式内在的主要根据，通过功能分析初步形成的平面组合方式，大致可以归纳为以下几种：

1. 走廊式组合

走廊式组合是以走廊的一侧或两侧布置房间的组合方式，房间的相互联系和房屋的内外联系主要通过走廊。它的特点是房间与交通联系部分明确分开，能使各个房间不被穿越，较好地满足各个房间单独使用的要求。适用于单个房间面积不大，同类房间多次重复的平面组合，例如办公、学校、旅馆、宿舍等建筑类型中，工作、学习或生活等使用房间的组合。

走廊式组合分为内廊式和外廊式。

走廊两侧布置房间的为内廊式，这种组合方式平面紧凑，走廊所占面积较小，房屋进深大，节省用地，但是有一侧的房间朝向差，走廊较长时，采光、通风条件较差，需要开设高窗或设置过厅以改善采光、通风条件。

走廊一侧布置房间的为外廊式。房间的朝向、采光和通风都较内廊式好，但是房屋的进深较浅，辅助交通面积增大，故占地较多，相应造价增加。敞开设置的外廊，较适合于气候温暖和炎热的地区，加窗封闭的外廊，由于造价较高，一般以用于疗养院、医院等医疗建筑为主，如图 3-4-7 所示。

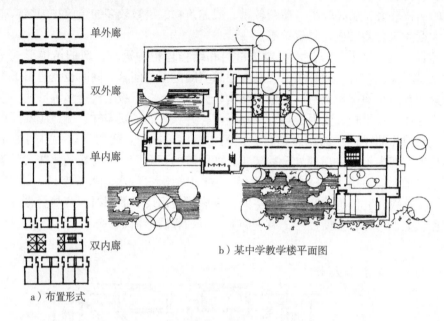

单外廊

双外廊

单内廊

双内廊

a）布置形式

b）某中学教学楼平面图

图 3-4-7　走廊式组合的布置形式

2. 套间式组合

套间式组合是指房间之间直接穿通的组合方式。它的特点是把房屋的交通联系面积和房间的使用面积结合起来，房间之间的联系紧凑，面积利用率高，使用房间不需要单独分隔的情况下形成的组合方式，如展览馆、车站、浴室等建筑类型中主要采用套间式组合；对于活动人数少，使用面积要求紧凑、联系简捷的住宅，在厨房、起居室、卧室之间也常采用套间布置。

3. 大厅式组合

大厅式组合是在人流集中、厅内具有一定活动特点并需要较大空间时形成的组合方式。这种组合方式常以一个面积较大、活动人数较多、有一定的视、听等使用特点的大厅为主，辅以其他的辅助房间。例如剧院、会场、体育馆等建筑类型的平面组合。大厅式组合中，交通路线组织问题比较突出，应使人流的通行通畅安全、导向明确。同时合理选择覆盖和围护大厅的结构布置方式也极为重要，图 3-4-8 所示为大厅式组合示意图。

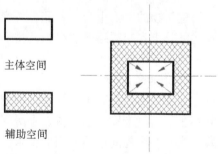

主体空间

辅助空间

图 3-4-8　大厅式组合示意图

三、环境对平面组合的影响

房屋的设计还需要考虑总体规划、基地环境以及当地气候、地理条件等外界因素，通过综合考虑内外多方面的因素，使建筑物的平面组合能够切合当时、当地的具体条件，成为建筑群体有机的组成部分。

1. 基地大小、形状和道路走向

基地的大小和形状，直接影响房屋的层数、外形轮廓、尺寸和平面组合的布局。同时，基地内人流、车流的主要走向，又是确定建筑平面中出入口和门厅位置的重要因素。因此，在平面组合设计中，应密切结合基地的大小、形状及道路布置等外在条件，使建筑平面布置形式、外轮廓形状和尺寸以及出入口的位置等符合总体规划的要求。图3-4-9所示为不同基地条件的学校教学楼平面布置示意图。

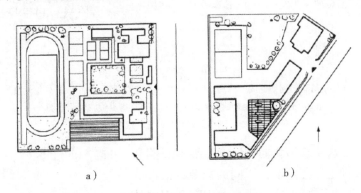

a)　　　　　　　　　　　　　　　　b)

图3-4-9　不同基地条件的学校教学楼平面布置示意图

2. 基地的地形条件

当建筑物处于平坦地形时，平面组合的灵活性较大，可以有多种布局方式，但在地势起伏较大，地形复杂的情况下，平面组合将受到多方面因素的制约。但是如能充分地结合环境，利用地形，也将会创造出层次分明、空间丰富的组合方式，赋予建筑物以鲜明的特色。

坡地建筑的平面组合应依山就势，节省土石方，减少基础工程量，并和周围道路联系方便。地震区应尽量避免在陡坡及断层上建造房屋。根据建筑物和等高线位置的相互关系，坡地建筑物主要有两种布置方式：

（1）建筑物平行于等高线布置。当房屋建造在10%左右的缓坡上时，可采用提高勒脚的方法，使房屋的前后勒脚调整到同一标高；或采用筑台的方法，平整房屋所在的基地。

（2）建筑物垂直或斜交于等高线布置。当坡度大于25%时，如果将房屋平行等高线布置，建筑土方量、道路及挡土墙等室外工程投资较大，对通风、采光、排水都不利，甚至受到滑坡的威胁，此时要将建筑物垂直等高线布置，即采用错层的办法解决上述问题。这种布置方式，在坡度较大时，房屋的通风、排水问题比平行于等高线时较容易解决，但是基础处理和道路布置比平行于等高线时复杂得多。

房屋斜交于等高线的布置，通常是在结合朝向要求或基地具体地形地质条件的情况下采用。这种布置方式，排水和道路布置比房屋垂直于等高线的容易处理，但房屋的基础工程较复杂，建筑用地面积也较大。采用斜交于等高线的布置方式，坡度较大时，房屋仍应采用错层布置，如图3-4-10所示。

3. 建筑物的朝向和间距

建筑物之间必要间距和建筑朝向，也将对房屋的平面组合方式、房间的进深等带来影响。

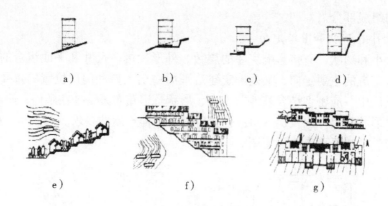

图 3-4-10　建筑物的布置

a）前后勒脚调整到同一标高　b）筑台　c）横向错层　d）入口分层设置

e）平行于等高线布置示意图　f）垂直于等高线布置示意图

g）斜交于等高线布置示意图

（1）朝向。影响建筑物朝向的因素主要有日照和风向。生活中我们经常会发现，不同的季节，太阳的位置、高度都在发生规律性的变化。太阳在天空中的位置，可以用高度角和方位角来确定（图 3-4-11）。太阳高度角指太阳射到地球表面的光线和地面所呈的夹角 h；方位角是太阳至地球表面的光线与南北轴之间的夹角 A。

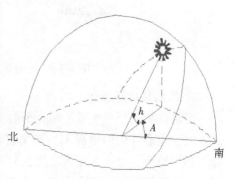

图 3-4-11　太阳运行轨迹

h—太阳高度角　A—太阳方位角

根据我国所处的地理位置，建筑物南向或南偏东、偏西少许角度能获得良好的日照，这是因为冬季太阳高度角小，射入室内光线较多，而夏季太阳高度角大，射入室内光线少，能保证冬暖夏凉的效果。

（2）间距。建筑物的间距是指相邻两幢建筑物之间外墙面相距的距离。影响建筑物之间间距的因素很多，如日照间距、防火间距、防视线干扰间距、隔声间距等。在民用建筑设计中，日照间距是确定房屋间距的主要依据，一般情况下，只要满足日照间距，其他要求也就能得到满足。

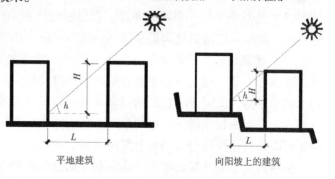

平地建筑　　　　　向阳坡上的建筑

图 3-4-12　建筑物日照间距

日照间距是指前后两排房屋之间，根据日照时间要求所确定的距离。《建筑日照计算参数标准》（GB/T50947—2014）规定托幼建筑冬至日底层满窗日照不应少于 3h，学校教学楼冬至日底层满窗日照不应少于 2h。日照间距的计算一般以冬至日或大寒日正午 12 时太阳光线能直接照到底层窗台为设计依据（图 3-4-12）。

日照间距计算式为 $L = H/\tan h$

式中，L 为日照间距，H 为南向前排房屋檐口至后排房屋底层窗台的高度，h 为冬至日正午的太阳高度角，$1/\tan h$ 为日照间距系数。

【设计实训】

咖啡厅建筑平面设计任务书

一、任务概况

拟在某城市（南方）景区公园内新建一咖啡厅。咖啡厅考虑顾客在正餐之余时使用，经常以咖啡为主，辅以其他饮料或简单食品，供客人休息、交友、约会。午后和晚间营业。咖啡厅讲究气氛，要求形成轻松优雅的环境。

二、设计要求

（1）解决好总体布局。包括功能分区、出入口、停车位、客流与货流的组织、与环境的结合等问题。

（2）应对建筑空间进行整体处理，以求结构合理，构思新颖。营业厅为设计的重点部分，应注意其室内空间设计，创造与建筑使用要求相适应的室内环境气氛。

三、技术指标

（1）总建筑面积控制在 400m² 内（按轴线计算，上下浮动不超过 5%）。

（2）面积分配（以下指标均为使用面积）。

1）客用部分

营业厅：200m²（可集中或分散布置，座位 100～120 个）。应有良好的室内空间环境，空间既有分隔又有流通。创造有特色的氛围和情调。

付货柜台：15m²（各种饮料及小食品的陈列和供应，可兼收银）。应衔接营业厅和制作间，与顾客和服务人员均有联系。也可直接放在营业厅或门厅内。

门厅：10m²（引导顾客进入咖啡厅，也可设计成门廊）。

卫生间：12m²（男、女各一间，各设 2 个厕位，男厕应设 2 个小便斗，各设带面板洗手池 1 个）。

2）辅助部分

备品制作间：15m²（包括烧开水、冲咖啡、茶具洗涤、消毒；烧水与食品加工用电器；要求与付货柜台联系方便）。

库房：8m²（存放各种茶叶、点心、小食品等）。

卫生间：6m²（男、女各一间，厕位、洗手盆各 1 个）。

更衣室：10m²（男、女各一间，设更衣柜、洗手盆）。

办公室：24m²（两间，包括经理办公室、会计办公室）。

四、图纸内容及要求

（1）图纸内容。

总平面图 1:300（全面表达建筑与原有地段间关系及周边道路状况）。

首层平面图 1:100（包括建筑周边绿地、庭院等外部环境设计）。

其他各层平面图及屋顶平面图 1:100 或 1:200 。

（2）图纸要求。A3。

（3）线条要求。图线粗细有别，线条运用合理；文字与数字书写工整。

五、地形图

该用地位于某市湖滨景区。用地较平坦。该用地东侧有旅游道路。东侧为一小树林。西面为一淡水湖，湖面平静，景色宜人，湖水起落高度不超过 0.5m。用地北侧有一小桥架于湖面上。用地植被良好，多为杂生灌木，有良好的景观价值。

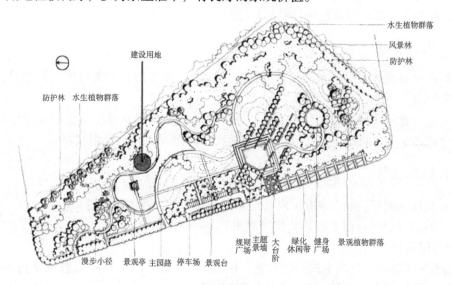

公园现状图

【学习评价】

建筑平面设计评价方法与评分表见下表。

建筑平面设计评价方法与评分表

项目	分值	评价标准	得分
平面设计	30	（1）房间的面积、形状和尺寸是否满足室内使用活动和设备合理布置的要求 （2）门窗的大小和位置要考虑房间的出入方便，疏散安全，采光通风良好 （3）房间的构成要注意使结构布置合理，施工方便，也要有利于房间之间的组合，所用材料应要符合相应的建筑标准 （4）室内空间，以及屋顶地面、各个墙面和构件细部，应考虑人们的使用和审美要求	

（续）

项目	分值	评价标准	得分
交通联系部分	30	（1）考虑到使用房间和辅助房间的用途，减少交通干扰 （2）楼梯是垂直交通联系部分，是各个楼层疏散的必经之路，同时又要考虑到建筑防火要求 （3）交通路线简洁明确，联系通行方便；人流通畅，紧急疏散迅速安全；满足一定的通风采光要求 （4）力求节省交通面积，同时考虑空间组合等设计问题	
平面组合设计	15	（1）考虑总体规划、基地环境对建筑单体平面组合的要求 （2）建筑平面组合设计须要综合分解建筑本身提出的、及总体环境对单体建筑提出的内外两方面的要求，使之合理完善	
性能要求	10	起居室、餐厅、厨房、卫生间、卧室、阳台的设备布置是否合理	
图纸内容表述	15	（1）图面内容逻辑清晰，容易读图 （2）图底分明，线型明确，图纸内容主次有别 （3）构图均衡，主题突出 （4）绘制清晰，图面明快 （5）用色得体，和谐统一	
合计	100	合计	

项目 四 园林建筑设计的方法和技巧

项目分析

　　园林建筑设计的方法与技巧包含园林建筑设计的形式美规律和园林建筑设计的方法和技巧两个部分，第一个部分主要探讨形式美感规律对园林建筑设计起到的主要视觉美感享受，包含建筑形体的几何关系（以简单的几何体求统一）、主从与重点（主次、虚实）、对比和微差（变化与统一）、韵律和节奏、比例和尺度。第二个部分主要讲述的是园林建筑设计的方法和技巧，包含立意、选址、布局、借景和色彩与质感。

项目目标

　　（1）掌握园林建筑形体的几何关系。
　　（2）掌握突出建筑主体的方法与技巧。
　　（3）掌握建筑形式美规律。
　　（4）掌握园林建筑设计的立意方法与技巧。

【项目实施】

任务一 园林建筑设计的形式美规律

┌ 任务描述 ┐

（1）能够较好地处理建筑形体的集合关系。
（2）处理好比例与尺度。
（3）处理好主从与重点。
（4）做到建筑形体均衡。

┌ 知识链接 ┐

园林建筑与其他建筑类型在物质和精神功能方面有许多不同之处，建筑是实用价值与审美价值、工程技术手段与艺术手段紧密结合的作品。因此，在构图方法上就与其他类型的建筑有所差异，有时在某些方面表现得更为突出，比如在艺术构图方法上也都要考虑诸如统一、变化、尺度、比例、均衡、对比等因素。形式美法则是人类在创造美的形式、过程中对美的形式规律的经验总结和抽象概括。研究探索形式美的法则，能够培养人们对形式美的敏感，指导人们更好地去创造和欣赏美的事物。掌握形式美的法则，能够使人们更自觉地运用形式美的法则表现美的内容，达到美的形式与美的内容的高度统一。

一、建筑形体的几何关系（以简单的几何体求统一）

建筑的艺术造型是通过体型的变化，线条的粗细与组合，材料的质感和色彩的运用等手段而构成的综合艺术，并且运用一些构图规律加以表现。简单的几何体可以清晰的辨认（图4-1-1），有确定的几何关系就可以避免任意性。

图4-1-1 圆环形的建筑

古代一些美学家认为圆、正方形、正三角形（图4-1-2、图4-1-3）这样一些简单、肯定的几何形状具有抽象的一致性，是统一和完整的象征，因而可以引起人们的美感。现代建筑师也称赞这些简单的几何形状是美的体形，因为它们可以清晰地辨认。

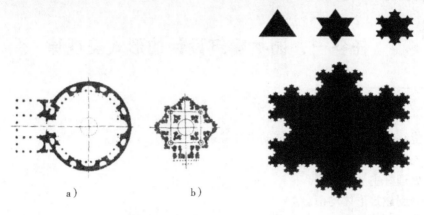

图 4-1-2 利用几何关系制约性求得统一
a）罗马万神庙 b）罗马圣彼得大教堂

图 4-1-3 三角形的变化

所谓抽象的一致性，就是指这些形状有确定的几何关系。例如圆周上的任意一点据圆心的长度是相等的，圆周的长度是直径的 n 倍；正方形或正立方体的各边相等，相邻的边互相垂直；正三角形的三条边等长，三个角相等，顶端处于对边的中线上。这些形状既然有明确、肯定的几何关系，就可以避免任意性。这种观点对建筑构图影响很大。

卢浮宫入口处，贝聿铭设计建造的玻璃金字塔（图 4-1-4），不仅是体现现代艺术风格的佳作，也是运用现代科学技术的独特尝试。他在建筑中借用古埃及的金字塔造型，采用了玻璃材料，金字塔不仅表面积小，可以反映巴黎不断变化的天空，还为地下设施提供了良好的采光，创造性地解决了把古老宫殿改造成现代化美术馆的一系列难题，取得极大成功，享誉世界。这一建筑正如贝氏所称："它预示将来，从而使卢浮宫达到完美"。

图 4-1-4 金字塔形状的设计创造

坐落在美国华盛顿附近波托马克河畔的阿灵顿镇，是美国国防部所在地。从空中俯瞰，这座建筑成正五边形，故名"五角大楼"，如图 4-1-5 所示。

图 4-1-5 五角大楼

得克萨斯州达拉斯市政大楼（图4-1-6）是贝聿铭（I. M. Pei）1975年设计的作品。这座像倒转金字塔的建筑物的倾斜面有34°，楼高7层，每一层比底下一层宽出9.5ft[⊖]。这样的设计虽然有点夸张，但可以遮挡风雨以及得克萨斯州酷热的阳光。

图4-1-6　得克萨斯州达拉斯市政大楼图　　　图4-1-7　德国斯图加特美术馆新馆

建筑师 James Fraser Stirling 美术馆新馆（图4-1-7）是由美术馆、剧场、图书馆、音乐教室及办公楼组成的一座群体建筑。建筑师斯特林在设计中采用了后现代建筑中常用的隐喻手法，展室转角处线脚造型的构件使人联想到古典建筑的样式。

二、主从与重点（主次、虚实）

古希腊哲学家赫拉克利特发现，自然界趋向于差异的对立。他认为协调是差异的对立产生的，而差异是由类似的东西产生的。例如植物的杆和枝、花和叶，动物的躯干和四肢等，都呈现出一种主和从的差异。这就启示人们：在一个有机统一的整体，各个组成部分是不能不加以区别的，它们存在着主和从、重点和一般、核心和外围的差异。

建筑构图为了达到统一，从平面组合到立面处理，从内部空间到外部形体，从细部处理到群体组合，都必须处理好主和从、重点和一般的关系。在一些采用对称构图的古典建筑中，对此作了明确的处理。

三、对比和微差（变化与统一）

1. 对比（变化）

建筑要素之间存在着差异，对比是显著的差异，微差是细微的差异。就形式美而言，两者都不可少。对比可以借相互烘托陪衬求得变化，微差则借彼此之间的协调和连续性以求得调和，没有对比会产生单调，而过分强调对比以致失掉了连续性又会造成杂乱。只有把这两者巧妙地结合起来，才能达到既有变化又谐调一致。对比在建筑构图中主要体现在不同体量、不同形状、不同方向、不同色彩和不同质感之间。

（1）不同体量之间的对比。在空间组合方面体现最显著。两个毗邻空间，大小悬殊（图4-1-8），当由小空间进入大空间时，会因相互对比作用产生豁然开朗之感。中国古典园林正是利用这种对比关系获得小中见大的效果。

⊖　1ft = 0. 3048m。

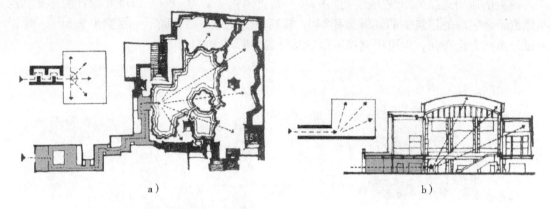

图 4-1-8　大小高低的对比

a）以曲折狭长空间衬托大空间（苏州留园）　　b）以低空间衬托高空间（北京火车站）

　　（2）不同形状之间的对比。在建筑构图中，圆球体和奇特的形状比方形、立方体、矩形和长方体更引人注目。利用圆同方之间、奇特形状同一般矩形之间的对比和微差关系，可以获得变化多样的效果。

　　（3）不同方向之间的对比（图 4-1-9、图 4-1-10）。即使同是矩形，也会因其长宽比例的差异而产生不同的方向性，有横向展开的，有纵向展开的，也有竖向展开的。交错穿插地利用纵、横、竖三个方向之间的对比和变化，往往可以收到良好的效果。

图 4-1-9　欧文 Wurm：众议院攻击（奥地利）

图 4-1-10　日本的颠倒屋

　　（4）直和曲的对比。直线能给人以刚劲挺拔的感觉，曲线则显示出柔美和活泼。巧妙地运用这两种线型，通过刚柔之间的对比和微差，可以使建筑构图富有变化。西方古典建筑中的柱式结构，中国古代建筑屋顶的曲折变化都是运用直曲对比变化的范例。现代建筑运用直曲对比的成功例子也很多（图 4-1-11）。

　　（5）虚和实的变化（图 4-1-12）。利用孔、洞、窗、廊同竖向的墙垛、柱之间的虚实对比将有助于创造出既统一又富有变化的建筑形象。

图 4-1-11　直线和曲线对比

图 4-1-12　虚实对比（萨伏伊别墅）

（6）色彩、质感的对比。色彩的对比和调和，质感的粗细和纹理变化对于创造生动活泼的建筑形象也都起着重要作用。图 4-1-13 ～图 4-1-16 所示为利用材料的光滑与质感形成对比，利用几何形状的倾斜和正交形成对比。

图 4-1-13　质感对比

图 4-1-14　墨西哥大学图书馆

图 4-1-15　几何角度对比

图 4-1-16　未经过防锈处理的铁在园林建筑中的运用

2. 统一（微差）

园林建筑的造型、色彩、材质和风格具有一定程度的相似性或一致性，会给人以统一感，并可产生庄严肃穆、和谐美好和视觉柔顺的感觉。

（1）风格统一。颐和园的建筑群通过琉璃瓦、彩绘和建筑结构等因素表现出清朝的浓烈风格样式。颐和园的建筑物可以在《清式营造则例》中找到统一的诸多细节。

（2）造型统一。园林建筑的造型主要是由几何形的线、面、体组成，除了其中包含的形式美法则给人以感官的愉快外，还可以运用象征的手法表现某种特定的具体内容，特别是纪念性建筑，往往都有特定的象征主题。

四、韵律和节奏

自然界中的许多事物或现象，往往由于有秩序地变化或有规律地重复出现而激起人们的美感，这种美通常称为韵律美。例如投石入水，激起一圈圈的波纹，就是一种富有韵律的现象。蜘蛛结的网，某些动物身上的斑纹，树叶的脉络也是富有韵律的图案。有意识地模仿自然现象，可以创造出富有韵律变化和节奏感的图案（图4-1-17），韵律美在建筑构图中的应用极为普遍。古今中外的建筑，不论是单体建筑或群体建筑，乃至细部装饰，几乎处处都有应用韵律美造成节奏感的例子存在。

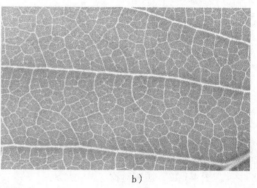

a）　　　　　　　　　　　　　　b）

图4-1-17　树叶的脉络也是富有韵律的图案

1. 连续韵律

以一种或几种组合要素连续安排，各要素之间保持恒定的距离，可以连续地延长等，是这种韵律的主要特征。建筑装饰中的带形图案，墙面的开窗处理，均可运用这种韵律获得连续性和节奏感（图4-1-18）。

2. 渐变韵律

重复出现的组合要素在某一方面有规律地逐渐变化，例如加长或缩短，变宽或变窄，变密或变疏，变浓或变淡等，便形成渐变的韵律。古代密檐式砖塔由下而上逐渐收分，许多构件往往具有渐变韵律的特点（图4-1-19）。

祈年殿建于明嘉靖二十四年（1545年），为明

图4-1-18　走廊连续柱子的韵律

清两代皇帝祭天的地方。建筑平面为圆形，三层攒尖屋顶。建筑下面是三层圆形汉白玉台基，围墙布局呈四方形，象征"天圆地方"。祈年殿造型优雅，比例匀称，是我国古代最美的建筑之一（图4-1-20）。

图4-1-19　古代密檐式砖塔由下而上逐渐收分，许多构件往往具有渐变韵律的特点

图4-1-20　天坛祈年殿

3. 起伏韵律

渐变韵律如果按照一定的规律使之变化如波浪之起伏（图4-1-21），称为起伏韵律。

悉尼歌剧院，位于澳大利亚新南威尔士州的首府悉尼市。这座综合性的艺术中心，在现代建筑史上被认为是巨型雕塑式的典型作品（图4-1-22）。

图4-1-21　沙漠的起伏韵律

图4-1-22　悉尼歌剧院

4. 交错韵律

两种以上的组合要素互相交织穿插，一隐一显，便形成交错韵律。简单的交错韵律由两种组合要素作纵横两向的交织、穿插构成；复杂的交错韵律则由三个或更多要素作多向交织、穿插构成。现代空间网架结构的构件往往具有复杂的交错韵律（图4-1-23）。

五、比例和尺度

所谓尺度，是造型物及其局部的大小同本身用途以及与周围环境特点相适应的程度。而

a)   b)

图 4-1-23 韵律美在建筑构图中的应用极为普遍

尺寸是造型物的实际大小。尺度分为：普通的尺度、超人的尺度和亲切的尺度。设计者常根据不同的设计目的而采用不同的尺度。造型的尺度是建筑设计的主要标准之一。

北京故宫太和殿（图 4-1-24）和承德避暑山庄澹泊敬诚殿（图 4-1-25）虽然都是皇帝处理政务的殿堂，但前者是坐朝的地方，为了显示天子至高无上的权利，采用了宏伟的建筑尺度；后者受到"避暑山庄"主题思想的影响和行宫的性质，需要比较灵巧潇洒，因此建筑体量、庭院空间都不大，外形朴素淡雅，采用单檐卷棚歇山顶，低矮台阶等小式做法。

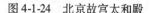

图 4-1-24 北京故宫太和殿   图 4-1-25 承德避暑山庄澹泊敬诚殿

比例是对象各部分之间，各部分与整体之间的大小关系，以及各部分与细部之间的比较关系。比例是物与物的相比，表明各种相对面间的相对度量关系。在美学中，最经典的比例分配莫过于"黄金分割"了，以黄金分割比例为标准设计的希腊雅典女神庙、巴黎圣母院（图 4-1-26、图 4-1-27）、埃菲尔铁塔等体现出比例美及其在不同时代的变化。

尺度是对象的整体或局部与人的生理或人所习见的某种特定标准之间的大小关系。是物与人（或其他易识别的不变要素）之间相比，不需涉及具体尺寸，完全凭感觉上的印象来把握。物体与人相适应的程度，是在长期的实践经验积累的基础上形成的。有尺度感的事物，具有使用合理，与人的生理感觉和谐，与使用环境协调的特点（图 4-1-28）。

图 4-1-26　巴黎圣母院入口

图 4-1-27　巴黎圣母院入口立面的九宫格比例

图 4-1-28　人民英雄纪念碑和淮海战役烈士纪念塔对比

　　所谓建筑尺度，是指在不同的空间范围内，建筑的整体及各构成要素使人产生的感觉，使建筑物的整体或局部给人的大小印象与其真实大小之间的关系问题。它包括建筑形体的长度、宽度、整体与部分、部分与部分之间的比例关系及对行为主体——人产生的心理影响。高层建筑的外部尺度一般分为五种：城市尺度、整体尺度、街道尺度、近人尺度、细部尺度。在此应特别注意的是，尺度不是尺寸！尺度不是指建筑物或要素的真实尺寸，而是表达一种关系及其给人的感觉；尺寸却是度量单位，如公里、米、尺、厘米等对建筑物或要素的度量，是在量上反映建筑物及各构成要素的具体大小。

任务二　园林建筑设计的方法和技巧

任务描述

（1）了解园林建筑设计的立意。

（2）了解园林建筑设计的选址。

（3）了解园林建筑设计的布局。

（4）了解园林建筑设计的借景。

（5）了解园林建筑设计的色彩与质感。

知识链接

一、立意

立意就是设计者根据功能需要、艺术要求、环境条件等因素，经过综合考虑所产生出来的总的设计意图。立意既关系到设计的目的，又是在设计过程中采用各种构图手法的根据。我国古代园林中的亭子不可计数，但很难找出格局和式样完全相同的例子。立意需要重视的两个基本因素：建筑功能和自然环境条件。

1. 意在笔先（立意平淡技巧再好也只能归之中乘）

晋代顾恺之在《论画》中说："巧密于精思""神仪在心"。意思是在艺术创作之初要认真考虑立意。

清代扬州的盐商开始营造园林，至今还保留着许多优秀的古典园林，其中历史最悠久、保存最完整、最具艺术价值的，要算坐落在古城北隅的"个园"了。个园是以竹石取胜，连园名中的"个"字，也是取了竹字的半边，应和了庭园里各色竹子，主人的情趣和心智都在里面了。此外，它的取名也因为竹子顶部的每三片竹叶都可以形成"个"字，在白墙上的影子也是"个"字（图4-2-1）。

愚溪（图4-2-2），潇水左岸支流，在湖南省永州市零陵区汇入潇水。本名原为冉溪，传说因冉氏家族依溪而住得名。唐代著名思想家柳宗元参与革新失败后被贬为永州司马，居于愚溪畔十年。创作了《永州八记》等众多散文作品以及《江雪》等诗歌，奠定了其作为唐宋文学八大家的基石。为了排遣淤积于心的不平，柳宗元嘲己因愚获罪，将冉溪更名为愚溪。

图 4-2-1　个园　　　　　　　　　　　　　图 4-2-2　愚溪画作

2. 情因景生，景为情造

造园的关键在于造景，而造景的目的在于表达作者对造园目的与任务的认识，抒发情感。所谓"诗情画意"写入园林，即造园不仅要做到景美如画，同时还要求达到"情从景生"，要富有诗意，触景生情。

避暑山庄是中国三大古建筑群之一，它的最大特色是山中有园，园中有山，大小建筑有 120 多组，其中康熙以四字组成 36 景，乾隆以三字组成 36 景，这就是山庄著名的 72 景。康熙朝定名的 36 景是：

烟波致爽、芝径云堤、无暑清凉、延薰山馆、水芳岩秀、万壑松风、松鹤清樾、云山胜地、四面云山、北枕双峰、西岭晨霞、锤峰落照、南山积雪（图 4-2-3）、梨花伴月、曲水荷香、风泉清听、濠濮间想、天宇咸畅、水流云在等。

图 4-2-3　南山积雪

乾隆朝定名的 36 景是：

丽正门、勤政殿、松鹤斋、如意湖、青雀舫、绮望楼、驯鹿坡、水心榭、颐志堂、畅远台、静好堂、冷香亭、采菱渡、观莲所、清晖亭等。

二、选址

园林建筑位置必须根据人对自然景物包括建筑在内的观察研究来确定，要符合自然和生活的要求，务求"得体合宜"。如在高崖绝壁松杉掩映处筑奇观精舍，在林壑幽绝处建山亭，在双峰夹峙处置关隘，在广阔处辟田园等。即使同一类型建筑物，也要根据环境设计成不同的风格。例如北京景山上的五座亭，正中山顶上是三重檐四角攒尖顶，两侧为重檐八角攒尖顶，再下二亭为圆形攒尖顶。又如舫，帝王宫苑颐和园中的石舫与苏州宅园中的舫在规模、用料、装修上都大不相同。

园林建筑的位置要兼顾成景和得景两个方面。如颐和园中的佛香阁既是全园的主景（图 4-2-4），又可在上俯瞰整个湖区，是成景和得景兼顾的范例。佛香阁位于万寿山前山中央部位的山腰，建筑在一个高 21m 的方形台基上，是一座八面三层四重檐的建筑；阁高 41m，阁内有 8 根巨大铁梨木擎天柱，结构复杂，为古典建筑精品。原阁咸丰十年（1860 年）被英法联军烧毁后，光绪十七年（1891 年）花了 78 万两银子重建，光绪二十年（1894 年）竣工，是颐和园里最大的工程。阁内供奉着"接引佛"，供皇室在此烧香。通常以得景为主的建筑多建在景界开阔和景色的最佳观赏线上，以成景为主的建筑多建在有典型景观地段而且有合宜的观赏视距和角度。

承德避暑山庄整体布局巧用地形，因山就势，分区明确，景色丰富，与其他园林相比，有其独特的风格。山庄宫殿区布局严谨，建筑朴素，苑景区自然野趣，宫殿与天然景观和谐地融为一体，达到了回归自然的境界。山庄融南北建筑艺术精华，园内建筑规模不大，殿宇和围墙多采用青砖灰瓦、原木本色，淡雅、庄重、简朴适度，与京城的故宫，黄瓦红墙，描金彩绘,堂皇耀目呈明显对照。山庄的建筑既具有南方园林的风格、结构和工程做法,又多沿袭北方常用的手法,成为南北建筑艺术完美结合的典范。避暑山庄不同于其他的皇家园林,按照地形地貌特征进行选址和总体设计,完全借助于自然地势,因山就水,顺其自然,同时融南北造园艺术的精华于一身。它是中国园林史上一个辉煌的里程碑,是中国古典园林艺术的杰作,享有"中国地理形貌之缩影"和"中国古典园林之最高范例"的盛誉(图4-2-5)。

图 4-2-4　佛香阁　　　　　　　　　图 4-2-5　承德避暑山庄宫殿区

三、布局

布局是园林建筑设计方法和技巧的中心问题。即使有了好的组景立意和基址环境条件,如果布局凌乱,不合章法,则不可能成为佳作。

1. 以小见大

为了实现突破园林空间范围较小的局限,实现小中见大的空间效果,主要采取下列手法。

(1)利用空间大小的对比,烘托、映衬主要空间。江南的私家园林,一般均把居住建筑贴边界布置,而把中间的主要部位让出来布置园林山水,形成主要空间;在这个主要空间的外围布置若干次要空间及局部性小空间;各个空间留有与大空间联系的出入口,运用先抑后扬的反衬手法及视线变换的游览路线把各个空间联系起来。这样既各具特色,又主次分明。在空间的对比中,小空间烘托、映衬了主要空间,大空间更显其大(图4-2-6)。

图 4-2-6　网师园被白色墙体烘托的主景

如苏州网师园的中部园林(图 4-2-7),总面积还不及拙政园的六分之一,但小中见大,布局严谨,主次分明又富于变化,园内有园,景外有景,精巧幽深之至。全园清新有韵味,被认为是中国江南中小型古典园林的代表作。陈从周誉为"苏州园林小园极则,在全国园林中亦属上选，是以少胜多的典范"。清代著名学者钱大昕评价网师园"地只数亩，而有行回不尽之致；居虽近廛，而有云水相忘之乐。柳子厚所谓'奥如旷如'者，殆兼得之矣。"

（2）注意选择合宜的建筑尺度，造成空间距离的错觉。在江南园林中，建筑在庭园中占的比重较大，很注意建筑的尺度处理。在较小的空间范围内，一般均取亲切近人的小尺度，体量较小，有时还利用人们观赏物体"近大远小"的视觉习惯，有意识地压缩一些位于山顶上的小建筑的尺度，而造成空间距离较实际状况略大的错觉。如苏州怡园（图4-2-8）假山顶上的螺髻亭，体量很小，柱高仅2.3m，柱距仅1m。网师园水池东南角上的小石拱桥（图4-2-9），微露出水面，从池北南望，流水悠悠远去，似有水面深远不尽之意。

图4-2-7 网师园连接两个亭子的走廊　　　　图4-2-8 苏州怡园螺髻亭

（3）增加景物的景深和层次，增加空间的深远感（图4-2-10）。在江南园林中，创造景深多利用水面的长方向，往往在水流的两面布置山石林木或建筑，形成两侧夹持的形式。借助于水面的闪烁不定、虚无缥缈、远近难测的特性，从水流两端对望，无形中增加了空间的深远感。

图4-2-9 网师园小石拱桥　　　　图4-2-10 拙政园水面层次（油画）

（4）运用空间回环相通，道路曲折变化的手法（图4-2-11），使空间与景色渐次展开，连续不断，周而复始，景色多而空间丰富，延长游赏的时间，使人心理上扩大了空间感。

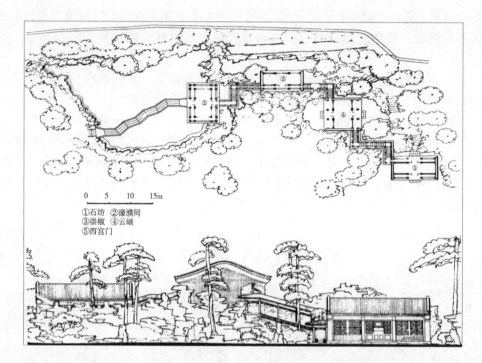

图4-2-11 拙政园曲折的路径

2. 突破边界

突破园林边界规则、方整的生硬感觉，寻求自然的意趣。

以"之"字形游廊贴外墙布置，打破高大围墙的闭塞感。曲廊随山势蜿蜒上下，或跨水曲折延伸，廊与墙交界处有时留出一些不规则的小空间点缀山石树木，顺廊行进，角度不断变化，即使实墙近在身边也感觉不到它的平板、生硬。

四、借景

园林中的借景有收无限于有限之中的妙用。借景分近借、远借、邻借、互借、仰借、俯借、应时借7类。其方法通常有开辟赏景透视线，去除障碍物；提升视景点的高度，突破园林的界限；借虚景等。借景内容包括：借山水、动植物、建筑等景物；借人为景物；借天文气象景物等。如北京颐和园的"湖山真意"远借西山为背景，近借玉泉山，在夕阳西下、落霞满天时赏景，景象曼妙。

有意识地把园外的景物"借"到园内视景范围中来（图4-2-12）。借景是中国园林艺术的传统手法。一座园林的面积和空间是有限的，为了扩大景物的深度和广度，丰富游赏的内容，除了运用多样统一、迂回曲折等造园手法外，造园者还常常运用借景的手法，收无限于有限之中。

中国古代早就运用借景的手法（图4-2-13～图4-2-15）。唐代所建的滕王阁，借赣江之景："落霞与孤鹜齐飞，秋水共长天一色"。岳阳楼近借洞庭湖水，远借君山，构成气象万千的山水画面。杭州西湖，在"明湖一碧，青山四围，六桥锁烟水"的较大境域中，"西湖十景"互借，各个"景"又自成一体，形成一幅幅生动的画面。"借景"作为一种理论概念提出来，则始见于明末著名造园家计成所著《园冶》一书。计成在"兴造论"里提出了

"园林巧于因借，精在体宜""泉流石注，互相借资""俗则屏之，嘉则收之""借者园虽别内外，得景则无拘远近"等基本原则。

图 4-2-12　苏州博物馆借景拙政园的树

图 4-2-13　拙政园借景远方的塔

图 4-2-14　留园借景（景中景）

图 4-2-15　借景（近景）

五、色彩与质感

1. 色彩

色彩的处理与园林空间的艺术感染力有密切关系。形、声、色、香是园林建筑艺术意境中的重要因素，其中形与色范围较广。在植物搭配中，绿色又为园林景观中主要色相，其明度不高，色彩中性，可以缓和其他色相，在园林里起着统一整个背景的作用。同一色相的植物可以塑造整体、统一的色彩气氛。

据心理学家研究，不同的色彩会给人们带来不同的感受。如在红色的环境中，人的脉搏会加快，情绪兴奋冲动，会感觉到温暖；而在蓝色环境中，脉搏会减缓，情绪也较沉静，会感到寒冷。

为了达到理想的植物景观效果，园林设计师也应该根据环境、功能、服务对象等选择适宜的植物色彩进行搭配。

（1）色彩的冷暖感：又称色彩的色性。凡是带红、黄、橙的色调，能使人联想起火光、阳光的颜色，具有温暖的感觉，称为暖色调；凡是带青、蓝、蓝紫的色调，使人联想起夜色、阴影，增加凉爽、清冷的感觉，故称为冷色调。绿色与紫色介于冷、暖色之间，其温度感适中，是中性色。无彩色系的白色是冷色，黑色是暖色，灰色是中性色。

（2）色彩的远近感：暖色调和深颜色给人以坚实、凝重之感，有着向观赏者靠近的趋势，会使得空间显得比实际的要小些；而冷色调和浅色与此相反，在给人以明快、轻盈之感的同时，它会产生后退、远离的错觉，所以会使空间显得比实际的要开阔些。

（3）色彩的轻重感和软硬感：明度低的深色系具有稳重感，而明度高的浅色系具有轻快感。

色彩的软硬感与色彩的轻重、强弱感觉有关。轻色软，重色硬；白色软、黑色硬。颜色越深，重量越重，感觉越硬。植物栽植时，要在建筑的基础部分种植色彩浓重的植物种类。

（4）色彩的运动感觉（图 4-2-16、图 4-2-17）：同一色彩，明亮的运动感强，暗淡的运动感弱。橙色给人一种较强烈的运动感。青色能使人产生宁静的感觉。互为补色的两色结合，运动感最强。在园林中，可以运用色彩的运动感创造安静与运动的环境。如休息场所和疗养地段可以采用运动感弱的植物色彩，创造宁静的气氛；而在体育活动区、儿童活动区等运动场所应多选用具有强烈运动感色彩的植物和花卉，创造活泼、欢快的气氛；纪念性构筑、雕像等常以青绿、蓝绿色的树群为背景，以突出其形象。

图 4-2-16　铺地的不同色彩搭配产生运动感

图 4-2-17　植物的色彩之美

（5）色彩的华丽与朴素感：色彩的华丽与朴素感和色相、色彩的纯度以及明度有关。红、黄等暖色和鲜艳而明亮的色彩具有华丽感，青、蓝等冷色和浑浊而灰暗的色彩具有朴素感；有彩色系具有华丽感，无彩色系具有朴素感。色彩的华丽与朴素感也与色彩的组合有关，对比的配色具有华丽感，其中以互补色组合最为华丽。

（6）色彩的面积感：一般橙色系主观上给人一种扩大的面积感，青色系给人一种收缩的面积感。另外，亮度高的色彩面积感大，亮度弱的色彩面积感小。同一色彩，饱和的较不饱和的面积感大，两种互为补色的色彩放在一起，双方的面积感均可加强。园林中，相同面积的前提下，水面的面积感最大，草地的面积感次之，而裸地的面积感最小。因此，在较小面积园林中设置水面比设置草地更可以取得扩大面积的效果。运用白色和亮色，也可以产生扩大面积的错觉。

（7）色彩的明快与忧郁感：科学研究表明，色彩可以影响人的情绪，明亮鲜艳的颜色使人感觉轻快，灰暗浑浊的颜色则令人忧郁；对比强的色彩组合趋向明快，弱者趋向忧郁。在有纪念意义的场所，多以常绿植物为主，一方面常绿植物象征万古长青，另一方面常绿植物的色调以暗绿为主，显得庄重；而在娱乐休闲场所，则应使用色彩鲜艳的花灌木作为点缀，创造轻松愉快的氛围。

2. 质感

视觉或触觉对不同物态如固态、液态、气态的特质的感觉。在造型艺术中则把对不同物象用不同技巧所表现把握的真实感称为质感。不同的物质其表面的自然特质称天然质感，如空气、水、岩石、竹木等；而经过人工的处理的表现感觉则称人工质感，如砖、陶瓷、玻璃、布匹、塑胶等。不同的质感给人以软硬、虚实、滑涩、韧脆、透明与浑浊等多种感觉。中国画以笔墨技巧如人物画的十八描法、山水画的各种皴法为表现物象质感的非常有效的手段。而油画则因其画种的不同，表现质感的方法亦很相异，以或薄或厚的笔触，画刀刮磨等具体技巧表现光影、色泽、肌理、质地等质感因素，追求逼肖的效果。而雕塑则重视材料的自然特性如硬度、色泽、构造，并通过凿、刻、塑、磨等手段处理加工，从而在纯粹材料的自然质感的美感和人工质感的审美美感之间建立一个媒介。

【抄绘实训】

【实训4-1】 抄绘北海静心斋建筑布局

静心斋原名镜清斋。在北海北岸，西邻天王殿。清乾隆二十二年（1757年）建，占地面积4700m²，是皇太子的书斋，它以叠石为主景，周围配以各种建筑，亭榭楼阁，小桥流水，叠石岩洞，幽雅宁静，布局巧妙，体现了我国北方庭院园林艺术的精华，是一座建筑别致、风格独特的"园中之园"。

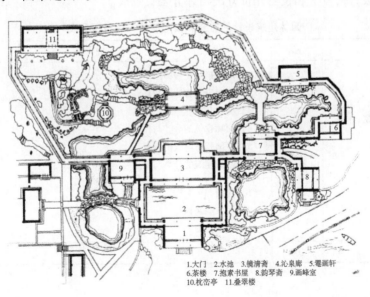

1.大门 2.水池 3.镜清斋 4.沁泉廊 5.罨画轩
6.茶楼 7.抱素书屋 8.韵琴斋 9.画峰室
10.枕峦亭 11.叠翠楼

北海静心斋

【实训4-2】苏州拙政园建筑平面布局

拙政园位于古城苏州东北隅（东北街178号），截至2014年，仍是苏州存在的最大的古典园林，占地78亩（约合5.2hm²）。全园以水为中心，山水萦绕，厅榭精美，花木繁茂，具有浓郁的江南汉族水乡特色。花园分为东、中、西三部分，东花园开阔疏朗，中花园是全园精华所在，西花园建筑精美，各具特色。园南为住宅区，体现典型江南地区汉族民居多进的格局。

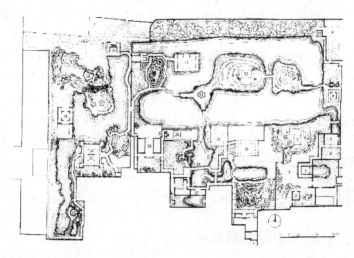

苏州拙政园平面图

【学习评价】

园林建筑设计的方法和技巧评价方法与评分表见下表。

园林建筑设计的方法和技巧评价方法与评分表

项目	分值	评价标准	得分
知识点把握	80	（1）园林形式美规律 （2）园林设计方法与技巧 （3）园林与园林建筑的关系 （4）园林建筑的分类与作用 （5）中国园林建筑的特点 （6）欧洲建筑的分类与特点	
园林建筑平面布局抄绘	20	（1）构图 （2）线条流畅程度 （3）线条粗细	
合计	100	合计	

项目  园林建筑单体设计

 项目分析

　　游憩性园林建筑是古典园林和现代园林中应用最为广泛，最具有使用价值的建筑类型，也是园林中非常重要的要素，包括亭、廊、花架、水榭、舫、园桥等。通过游憩性园林建筑的方案设计，进一步掌握园林建筑设计的基本方法及构想，掌握游憩性园林建筑设计的特点，主要建筑本身与自然环境之间的关系处理。加强对尺度、比例、色彩、质感等建筑功能及建筑空间的认识。学会用墨线淡彩、马克笔绘制建筑方案设计的效果图，进一步学习、巩固表现方法。重点学习建筑环境、建筑造型的设计方法。

项目目标

　　(1) 了解游憩性园林建筑的性质、特点与功能，培养建筑设计构思能力。

　　(2) 熟悉有关游憩性园林建筑的设计规范，掌握其设计方法与设计要点。

　　(3) 对建筑内外空间有一定的感知能力，训练学生的空间设计组合能力。

　　(4) 了解人体工程学，掌握人的行为心理，及由此产生的对空间的各项要求。

　　(5) 能够独立完成亭的设计。

　　(6) 能够独立完成廊的设计。

　　(7) 能够独立完成花架的设计。

【项目实施】

任务一 亭的设计

任务描述

（1）会亭的平面设计，绘制出其平面图。

（2）会亭的造型设计，绘制出其立面图。

（3）会亭的剖面设计，绘制出其剖面图。

（4）能够对亭进行色彩设计，绘制出亭的透视效果图。

（5）会进行亭设计说明的编写以及汇报文件PPT的制作。

知识链接

不论是古典园林或现代园林，亭都在广泛地运用。各式各样的亭悠然伫立，它们为自然山水增色，为园林添彩，起到其他园林建筑无法替代的作用，亭几乎成为园林中的代表建筑。

一、亭的含义及其功能

1. 亭的含义

《园冶》中记载"亭者，停也。所以停憩游行也。"因此，亭有停止的意思，可满足游人休息、游览、观景、纳凉、避雨、极目眺望之需。现在是指在园林之中供游人避风雨、遮太阳、休憩、游览、赏景的小而集中的建筑。

2. 亭的功能

亭能够满足游人在游赏过程中作短暂的驻足休息。它具有丰富变化的屋顶形象，轻巧、空透的柱身，以及随即布置的基座，因而亭子在园林中也是点景和造景的重要手段。同时，亭可防日晒，避雨淋，消暑纳凉，畅览园林景致，成为园林中游憩览胜的好地方。我国名山大川之中有很多亭的成功经典案例，成为风景区一道美丽的风景。

二、亭的设计要点

亭的造型多种多样，不论单体亭或是组合亭，其平面构图都很完整，屋顶形式也很丰富，从而构成绚丽多彩的体态。加之精美的装饰和精致的细部处理，使亭的造型尽善尽美。亭的设计要考虑以下几方面的问题。

1. 亭的造型

亭的造型多种多样，但一般小而集中，向上独立而完整。亭玲珑而轻巧活泼，其特有的造型增加了园林景致的画意。亭的造型主要取决于其平面形状、平面组合及屋顶形式等。在设计时要各具特色，不能千篇一律；要因地制宜，并从经济和施工角度考虑造型的合理性；要根据民族的风俗、爱好及周围的环境来确定其色彩。

2. 亭的体量及比例

（1）体量。亭的体量随意，一般较小，要与周围环境相协调。如北京故宫御花园万春亭，亭的顶部上圆下方，亭体舒展稳重，气势雄浑，颇为壮观（图5-1-1）；而有一些小游园中的现代亭面积仅约$3m^2$，其体量较小，造型简单别致，可供周围的居民纳凉、休息、下棋、打牌等，并且点缀了整个小游园的环境。

图5-1-1　北京故宫万春亭

（2）比例。古典传统形式亭的造型，屋顶、柱高、开间三者在比例上有密切联系，主要符合人的审美和建筑的承重能力。

一般情况下，南北方亭子屋顶高度有着本质的区别，这是由于南北方亭的翼角构造做法不同决定的。如南方亭屋顶高度大于亭身高度，而北方比例则基本相同（图5-1-2）。另外，由于亭的平面形状的不同，开间与柱高之间有着不同的比例关系：

四角亭：柱高/开间 =0.8:1

六角亭：柱高/开间 =1.5:1

八角亭：柱高/开间 =1.6:1

三、细部装饰

亭在装饰上可复杂也可简单，既可精雕细刻，也可不加任何装饰构成简洁质朴的亭。

宝顶及屋脊是亭的点睛之笔，高耸的宝顶使亭的造型俊美、挺拔。一般情况下，宝顶宜长不宜短。屋脊也应具有一定的高度，线脚要分明，屋脊曲线要舒张，饱满有力，以增加形象上展翅欲飞之势（图5-1-3）。

挂落与花牙为精巧的装饰，具有玲珑、活泼的效果，更能使亭的造型丰富多彩；鹅颈靠椅（美人靠）、坐凳及栏杆可为游人提供休息的地方。

亭的屋顶坡度与亭的翼角起翘作法

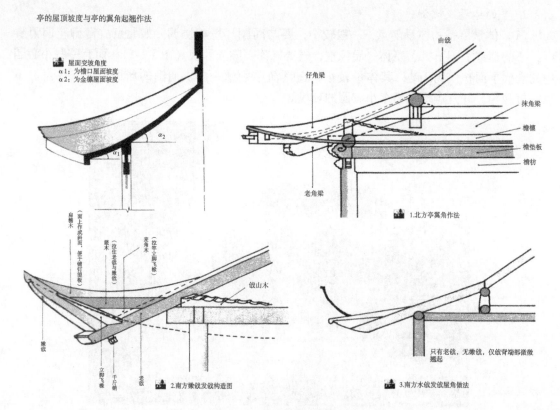

图 5-1-2 亭的翼角构造做法

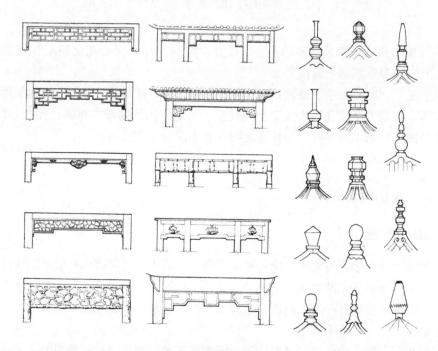

图 5-1-3 宝顶及挂落

四、亭的位置选择

亭的位置选择，一方面为了观景，以便游人驻足休息，眺望景色。而眺望景色主要应满足观赏距离和观赏角度这两个方面的要求。另一方面是为了点景，创造各种各样不同的意境，丰富园林景色。另外，在选定基址之后，根据亭所在地段的环境特点，进一步研究亭子本身的造型，使其与环境很好地结合起来。一般来说，亭的位置选择较灵活，可山上设亭，可临水设亭，可平地设亭。

1. 山地设亭

山地设亭，适于登高远望，眺览的范围大，方向多，视野开阔，并能突破山形的天际线，丰富山形轮廓，同时也为游人登山提供了休息和赏景的环境。因此，山地设亭应选突出处，不致遮掩前景，又是引导游人的标志。我国著名的风景游览胜地，常在山上最佳的观景点设亭。另外，山上建亭还能控制全园景区，丰富园林的空间构图。对不同高度的山，设亭的位置有所不同。

（1）小山设亭。小山高度一般在 5～7m，亭常建于山顶，以增加山顶的高度与体量，更能丰富山形轮廓，但一般不宜建在山形的几何中心之顶，避免构图的呆板。

（2）中等山设亭。宜在山脊、山腰或山顶设亭，应有足够的体量，或成组设置，以取得与山形体量协调的效果。

（3）大山设亭。一般在山腰台地，或次要山脊设亭，亦可将亭设在山道坡旁，以显示局部山形地势之美，并有引导游人的作用。大山设亭要避免视线受树木的遮挡，同时，还要考虑游人的行程，应有合理的休息距离。

2. 临水设亭

在我国园林中，水是重要的构成要素，水面开阔、舒展、明朗、流动。因此，园林中常结合水面设亭。要求尽量贴近水面，伸入水面，最好是三面临水或四面临水。其体量的大小要根据所临水面的大小而定。在小岛上、湖心台基上、岸边石矶上临水设亭，体量宜小。在桥上设亭，能够划分空间，增加水面空间层次，丰富湖岸景色，使水面景锦上添花，又可保护桥体结构，还能起交通作用，但要注意与周围环境协调（图5-1-4）。

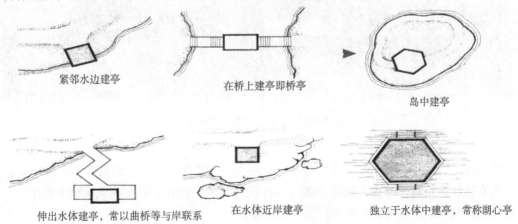

图 5-1-4　临水设亭

3. 平地设亭

平地建亭以休息、纳凉、游览为主，为了避免平淡、闭塞，应尽量结合山石、树木、水池等，构成各具特色的景观效果。平地建亭通常位于道路的交叉口上，林荫之间，花木山石之中，形成空间气氛的环境。但不要在主干道上，多设在路的一侧或路口。此外园围之中，廊间重点或尽端转角等处，也可用亭来点缀。如北京颐和园长廊每一节段设一亭，打破长廊的单调成为逗留的重点。围墙之边设半亭，也可作为出入口的标志。

五、亭的分类

由古至今，在园林中亭被广泛地运用，因此，亭的类型也非常丰富。

1. 按平面形式分类

（1）几何形亭。几何形亭包括三角亭、四角亭（方亭、长方亭）、五角亭、六角亭、八角亭、圆亭、扇形亭等。

（2）仿生形亭。仿生形亭有睡莲形亭、梅花形亭、蘑菇亭等。

（3）半亭。半亭的平面一般呈完整亭平面的一半，如杭州平湖秋月临水半亭等。

（4）双亭。双亭的平面形式有双三角形、双方形、双圆形等，一般为两个完整相同的平面联结在一起。

（5）组合式亭。组合式亭是亭与亭、廊、墙、石壁等的组合。组合式亭是为了追求体型的丰富与变化，寻求更完美的轮廓线。组合式亭中还有一种情况，就是把若干个亭子按一定的构图规律排列起来，形成一个丰富的建筑群，造成层次丰富、体形多变的建筑形象和空间组合，给人们更为强烈的印象。如北京北海公园的"五龙亭"，扬州瘦西湖的"五亭桥"（图5-1-5），它们都已成为全国闻名的风景点。

图 5-1-5 扬州瘦西湖"五亭桥"

2. 按屋顶形式分类

亭就屋檐层数分有单檐亭、重檐亭、三重檐亭等，能够产生极为绚丽多彩的建筑形象。

就亭顶形式而言，以攒尖顶亭为多，还有歇山顶亭、悬山顶亭、顶亭及圆顶亭等，近些年来运用钢筋混凝土作平顶式亭较广泛（图5-1-6）。

从位置的不同分有山亭、半山亭、桥亭、沿水亭、靠墙的半亭、在廊间的廊亭、于路中的路亭等。

图 5-1-6　各种屋顶形式的亭

六、亭的材料选择与构造

1. 材料的选择

应就地取材，符合地方习俗，具有民族风格。一般选用地方材料，如竹、木、茅草、砖、瓦等；现在更多的是仿竹、仿树皮、仿茅草塑亭，另外还可兼用轻钢、金属、铝合金、玻璃钢、镜面玻璃、充气塑料、帆布等新材料组建而成。

2. 亭的构造组成

亭一般由亭顶、亭柱、台基三部分组成。

（1）亭顶。亭的顶部梁架可用木材制成，也用钢筋混凝土或金属铁架等。亭顶一般可分为平顶和尖顶两类，形状有方形、圆形、多角形、仿生形、十字形和不规则形等。顶盖的材料则可用瓦片、稻草、茅草、树、木板、树叶、竹片、柏油纸、石棉瓦、塑胶片、铝片、镀锌薄钢板等。

（2）亭柱。亭柱的构造依材料而异，有水泥、石块、砖、树干、木条、竹竿等，亭一般无墙壁，故亭柱支撑及美观要求上都极为重要，一般是由圆柱和方柱支撑。

（3）台基。地基多以混凝土为材料，若地上部分荷载较重，则需加钢筋、地梁；若地上部分荷载较轻，用竹柱、木柱盖以稻草的亭，则仅在亭柱部分掘穴以混凝土做成基础即可。

七、亭的设计实例

1. 承德避暑山庄角亭（图 5-1-7）

亭位于曲廊尽端，临水而建，为该建筑的良好陪衬，是典型的北方古亭形式，木结构，但在色彩上又以江南园林古建的栗褐色为装饰，容南北特色为一体。

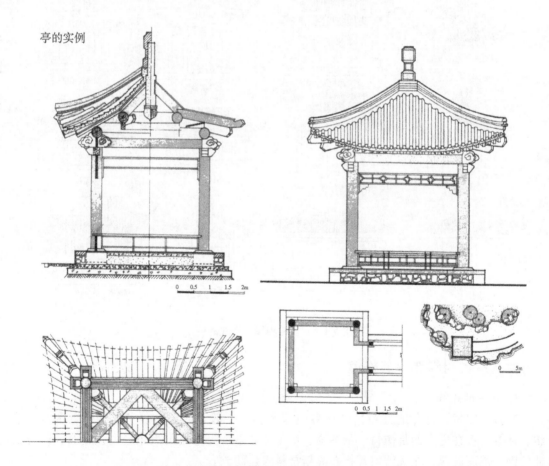

图 5-1-7　承德避暑山庄角亭

2. 越秀公园观荷亭（图5-1-8）

该亭位于广东越秀公园北门，临水而建，主要是为了观水池中的荷花，将建筑、水体，植物三种要素很好的融为了一体。

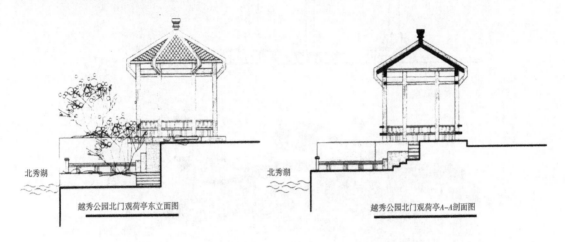

越秀公园北门观荷亭东立面图　　　　越秀公园北门观荷亭A—A剖面图

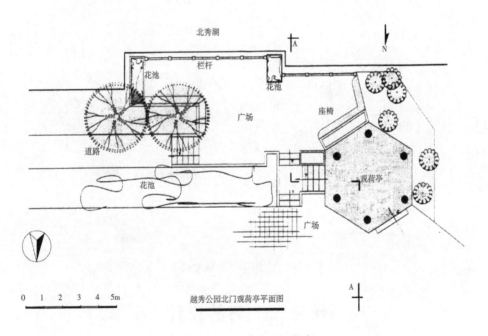

越秀公园北门观荷亭平面图

图 5-1-8　越秀公园观荷亭

【设计案例】

上海肇家浜绿地园亭设计（图5-1-9）

该亭为五亭成组布局，是小广场中主体景物。平面为圆形、平顶、钢筋混凝土结构，造型简洁、新颖，色彩明快。

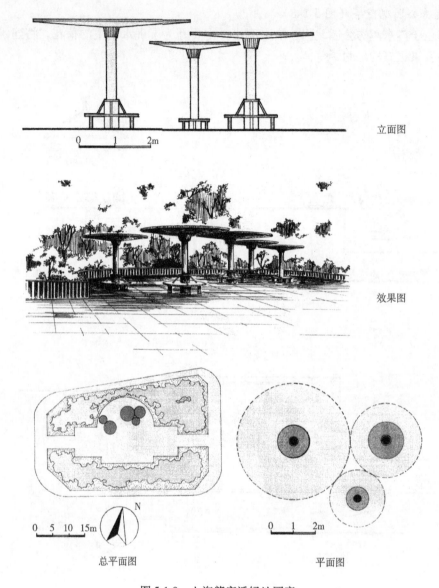

图 5-1-9　上海肇家浜绿地园亭

任务二　廊的设计

⌈ 任务描述 ⌉

（1）了解廊的性质、特点与功能，培养方案的构思设计能力。

（2）熟悉有关园林建筑的设计规范，掌握其设计方法与设计要点。

（3）对室内外空间有一定的感知能力，提高学生的空间布局及组合能力。

（4）学会分析周边环境，掌握人的活动规律及心理需求，由此产生的对空间、景观的
理解与设计。

知识链接

一、廊的含义

我国明末的园林家计成在《园冶》中说："宜曲立长则胜，……随形而弯，依势而曲。或蟠山腰、或穷水际，通花渡壑，婉蜒无尽……"。这是对园林中廊的精炼概括。

廊是一种"虚"的建筑形式，由两排列柱顶着一个不太厚实的屋顶。廊一边通透，利用列柱、横楣构成一个取景框架，形成一个过渡的空间，造型别致曲折、高低错落。也就是说有顶的过道叫作廊，房屋前檐伸出的部分可避风雨、遮太阳的部分称为廊，具有轻灵美好的风格特征（图5-2-1）。

廊，本来是为了适应中国木结构建筑的需要附于建筑周围，作为防雨防晒的室内外过渡空间，后来发展为建筑与建筑之间的连接通道，更广泛地应用于园林当中。廊通常以"间"为单元组合而成，能结合环境布置，平面富于变化。

图5-2-1　廊

二、廊的特点

1. 单元的连续性

廊的基本单元——间（图5-2-2），园林中廊由基本单元"间"组成，由"间"的重复连续组成廊，3~5间即可组成一列廊（图5-2-3），平面上可曲可直，婉蜒无尽。

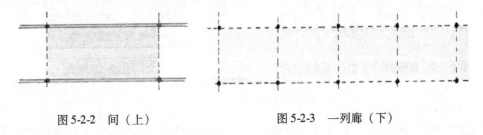

图5-2-2　间（上）　　　　　　　图5-2-3　一列廊（下）

由十几间、数十间组成的廊（图5-2-4），在园林中是常见的。颐和园的长廊由273间组成，既灵巧又壮观。由于廊的连续特点，故起到良好的联系作用。

承德避暑山庄"万壑松风"建筑群就是以廊将各单体建筑连成，既有联系又独立交错有致的建筑群体，并形成大小不同几个院落空间（图5-2-5）。

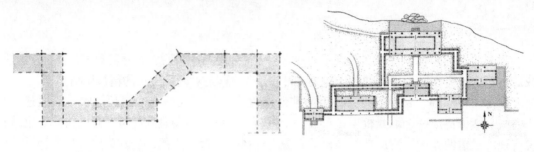

图5-2-4　由间组成长廊　　　　　　图5-2-5　承德避暑山庄万壑松风平面图

2. 廊的通透性

园林中廊体由柱子或大门洞、镂窗等组成，故使其体态开敞、明朗通透（图5-2-6）。它在园林中既围合空间又分隔空间，使空间化大为小，但又隔而不断。既增加景观层次，又使空间连续流动。

廊用以联系建筑，是室内外空间的过渡，是半明、半暗的灰空间（图5-2-7），使园林建筑空间更加明朗、活泼。

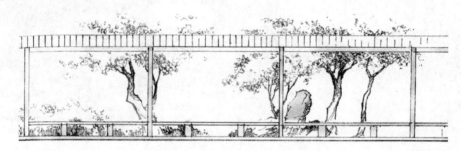

图5-2-6　廊明朗、通透

图5-2-7　廊空间明暗相间

3. 基址的随宜性

廊适于多种园林基址。由于廊的体态轻巧、结构简单可按基而立，只要稳固地安下四根柱子，一间简单的梁柱结构的廊即可建成，因此几乎不受基址限制，逢山爬山，遇水涉水，都可以"因地制宜"，廊跨水而建，遇山而折，自然婉转地解决了山水之间的连接与过渡。

如苏州拙政园双层廊，基址有山水，廊则可爬山跨水而过，由单层廊变成双层廊，丰富多彩。苏州拙政园的水廊，利用临水的基址构成高低起伏的水廊，形成了丰富优美的倒影，扩大了空间景观视域（图5-2-8）。爬山廊，基址为山地，廊顺应山体地势拾级而上，增加了竖向景观的变化性，给廊创造了更为丰富的层次感，也给游人提供了多样的感受和体验（图5-2-9）。

图5-2-8　苏州拙政园的　　　　　　　　图5-2-9　爬山廊—基址为山地，廊可顺
水廊临水基址构成起伏的水廊　　　　　　　　应山体地势拾级而上，构成爬山廊

4. 组廊成景

廊的体态通透、开朗，宜于与各种园林因素结合成景，廊是供游人畅览赏景驻足休憩之所，故廊在园林中易于构成独立、完整的景观效果。

例如哈尔滨斯大林公园中防洪纪念塔的半圆廊，此廊与纪念碑构成一体，成为松花江边的一组景物，半圆形廊衬托纪念碑，使空间开阔，景色壮观（图5-2-10）。又如上海西郊动物园金鱼廊（图5-2-11）采用廊形式作金鱼展览用，观展路线流畅，造型新颖独特，结合水池、山石，别具园林的景观和生态特色。

 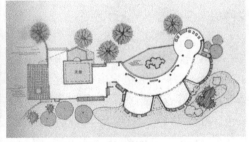

图5-2-10　哈尔滨斯大林公园　　　　　　图5-2-11　上海西郊动物园金鱼廊

组廊在一定形式下也是图案的完整或某种线条、序列、结构的呼应或强调。如图5-2-12中，两个弧长相等的廊架呈向中心围合并分隔的布置形式，从本质上都是在组廊的共同组织序列中，同属一个圆心，同围合构筑一处场地，形成场地中主景突出，层次清晰的景观布局。

图 5-2-12　景观效果图

三、廊的功能

1. 连接单体建筑（蜿蜒曲折、高低错落）

廊，自从在园林中运用以来，形式日益丰富。中国木构架体系的建筑物，平面形状一般比较简单，通过廊、墙把一幢幢建筑单体连接起来，可以形成空间层次丰富多变的建筑群体。尤其在古典园林中，如果将整个园林作为"面"，亭、榭、轩、馆等建筑单体作为"点"，那么廊即为"线"。正是通过这些"线"才把各分散的"点"联系成有机的整体，并与山石、水体、植物等相配合，从而在园林"面"的范围内形成一个个独立且富有特色的空间环境。

2. 室内外联系的纽带

我国园林建筑中的廊，不但是厅堂内室、楼、亭台的延伸，也是由主体建筑通向各处的纽带，而园林中的廊，既起到园林建筑的穿插、联系的作用，又是园林景色的导游线。

如北京颐和园的长廊（图 5-2-13），它既是园林建筑之间的联系路线，或者说是园林中的脉络，又与各样建筑组成空间层次多变的园林艺术空间。

3. 分隔并围合空间

廊，是园林中分隔空间的一种重要手段，但作为一种较"虚"的建筑或小品元素，在一边透过廊可观赏另一边的景色，相互渗透，表现出其特有的丰富和变幻空间层次的作用。可依墙而设，也极尽曲折，形成"小天井"，再栽竹置石构成小景，使人有不尽之感。廊分隔

图 5-2-13　北京颐和园长廊

空间的同时围合空间，也是围中有透，江南古典园林中常用此法，巧妙地创造出各种相互交融的小庭园，流畅生动，在相对有限的范围内创造出"庭院深深"的空间效果。

4. 引导空间

廊，通常布置在园林建筑单体或观赏点之间，是空间联系的一种重要手段，起到通道的

作用。人们依廊而行，其间布置园林座椅，即可避日晒雨淋，又可休憩赏景。廊在转折的变化中，可让人产生空间变化或道路转折的心理预期，调动人们的好奇心。尤其是赏景，由于长廊能够曲折错落，且通透开敞，易于和廊外空间结合，虚实掩映，变换万千（图5-2-14）。也可运用如框景、隔景等造景手法，从而将园内景色空间组织在连续的

图 5-2-14　廊景观效果图

时间序列中，使景色更富有时空的变化，达到步移景异之效，对风景的展开和观赏路线的组织起着重要作用。同时，虚实结合的建筑结构还可以产生一种半明半暗、半室内半室外的效果，在心理上给人一种空间过渡的感受。

四、廊的分类

（1）从廊的剖面分析，大致可分为双面空廊、单面空廊、复廊、暖廊、单支柱廊、双层廊六种形式（图5-2-15）。

其中，双面空廊是最基本的形式（图5-2-16）；双面空廊的中间夹一道墙，就形成复廊的形式，因为在廊内分成了两条走道，所以廊的跨度一般要宽一些；双面空廊：两侧均为列柱，没有实墙，在廊中可以观赏两面景色。双面空廊不论直廊、曲廊、回廊、抄手廊等都可采用，不论在风景层次深远的大空间中，或在曲折灵巧的小空间中都可运用。

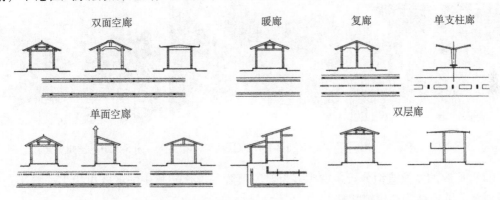

图 5-2-15　廊的基本类型（仿冯钟平，《中国园林建筑》）

单面空廊：空廊是指有柱无墙，开敞通透，适用于景色层次丰富的环境，使廊的两面有景可观（图5-2-17）。将双面空廊一侧的列柱砌成实墙或半空实墙，就成为单面空廊，完全贴在墙体或建筑边沿的廊也属于这种类型，只是有时将屋顶做成单坡的形式，以利于排水。单面空廊有两种：一种是在双面空廊的一侧列柱间砌上实墙或半实墙而成的；一种是一侧完全贴在墙或建筑物边沿上。单面空廊的廊顶有时作成单坡形，以利排水。

复廊：中间为墙，墙的两边设廊（图5-2-18），墙上开设镂窗，人行两边，通过镂窗可以看到隔墙之景，这就是园林的空间艺术了。

双层廊：上下两层的廊，又称"楼廊"（图5-2-19）。它为游人提供了在上下两层不同

高程的廊中观赏景色的条件，也便于联系不同标高的建筑物或风景点以组织人流，可以丰富园林建筑的空间构图（图5-2-20所示为扬州何园双层廊丰富了游人游览路线的层次，增加了空间的围合感与景观的立体感）。

图 5-2-16　双面空廊

图 5-2-17　单面空廊

图 5-2-18　复廊

图 5-2-19　双层廊

图 5-2-20　扬州何园双层廊

（2）从廊的立面造型分析，古代多为坡屋顶廊，现代园林中的形式更为多样，平顶廊、褶板顶廊、拱顶廊等都比较常见。

（3）从廊的整体造型分析，大致可分为直廊、弧形廊、曲廊、回廊、抄手廊等五种形式（图5-2-21）。

直廊（图5-2-22）可从周围环境入手体现一种呼应的手法和技巧，如园路的走向、铺装的线条以及人们视线的引导都可以通过直廊作为一种主体要素来呈现，通过通直的线条将人们的视线聚焦为一点，十分具有控制力。

曲廊（图5-2-23）依墙又离墙，因而在廊与墙之间组成各式小院，空间交错，穿插流动，曲折有法或在其间栽花、置石，或略添小景而成曲廊。曲廊多楹迤逦曲折，用一部分依墙而建，其他部分转折向外，组成墙与廊之间不同大小、不同形状的小院落，其中栽花木叠山石，为园林增添无数空间层次多变的优美景色。南京玄武湖直廊的设置烘托了水体与廊之间分明的界限关系（图5-2-24）。

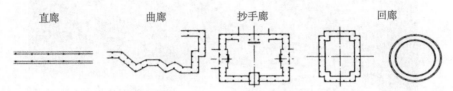

图5-2-21　廊的基本类型（仿冯钟平，《中国园林建筑》）

图5-2-22　直廊

图5-2-23　曲廊

图5-2-24　南京玄武湖直廊

（4）从廊与环境的结合分析，大致可分为爬山廊、叠落廊、水廊、桥廊、平地廊等五种形式，图5-2-25所示为爬山廊、叠落廊、桥廊、水廊的剖面图。

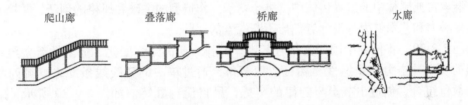

图5-2-25　廊的基本类型（仿冯钟平，《中国园林建筑》）

爬山廊都建于山际，不仅可以使山坡上下的建筑之间有所联系，而且廊随地形有高低起伏变化，与地形等环境有共生一处的自然与快感，使得园景丰富（图5-2-26）。

桥廊（图5-2-27）的设计与设置增加了水体与廊架的视线通透感。此外，桥廊的设计中结合景观的夜景或亮化处理会更增加桥廊景观的亮点，（图5-2-28）桥廊的设计在夜景的映衬中，在水面倒影的呈现中，为桥廊增加了不一样的景观韵味。

图5-2-26　爬山廊

图5-2-27　桥廊

图 5-2-28　桥廊夜景

五、廊的主要设计要点

1. 注重造型与风格的创新

在继承古典园林中的造景传统中，结合精华，作造型的突破和风格的创新，并挖掘廊的景观造景潜力和艺术魅力是设计者们需不断探索的课题。

如图 5-2-29，将传统中国元素结合其中，并作大胆的角度变化，造型标新立异，给人以强烈的视觉冲击力和震撼性。廊可造型简单，通过单一的直线线条的重复排列和富有变化的数量组合，创造出节奏与韵律的美感，风格简约独特。如图 5-2-30 所示，廊的屋顶及细节设计由古典传统中汲取精华，突出古典传统风格的亮点。如图 5-2-31 所示，廊的设计中色彩艳丽，对比度极高，加之线条的简洁流畅，烘托出空间的通透、大气、简约与唯美。

图 5-2-29　现代廊

图 5-2-30　古典风格廊

图 5-2-31　现代创意廊　　　　　　　　　　　　图 5-2-32　分隔廊

2. 造景手法

（1）分景或隔景。分隔或围合空间，利用廊的曲折错落进行空间的分隔和围合，景观上能够增加空间层次，即使和墙面之间也可以空出小天井，使尽端有不尽之感；功能上因地制宜，充分结合自然环境，从而创造各具特色的休憩空间。如图 5-2-32 中廊作为空间、场地的重要分隔，不仅强化了边界的效应，而且作为其所属空间也是收景的处理。

（2）或障或漏。廊可根据周围环境进行障景或漏景的造景手法的处理，给场地中各要素的呈现凸显一定的自然气息和深邃的意境。如图 5-2-33 中周围植物的围合将廊掩映于群树花草中，给廊与周围环境之间的关系融合创造了一种宛若自然形成的贴合感。

3. 出入口的过渡

廊的出入口是人流的集散要地，通常出现在廊的两端或中部某处，平面上应将其空间作适当的扩大以疏导人流和适应其他活动的需要。立面上也应作重点强调，以突出其美观效果。

此外，包括一些功能空间的过渡入口，如入口中可以作室内外空间的过渡，加强室内外的交流，增加场地的自然气息和开敞性。如停车场在设计中要考虑采光好、材质轻薄等要求，也是景观处理的参考素材（图 5-2-34）。

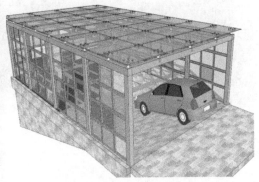

图 5-2-33　廊景观效果图　　　　　　　　　　图 5-2-34　停车场入口遮雨廊

4. 创造空间

（1）可创造多样的内部空间。廊的内部空间设计是造型设计方面的重要内容。过于狭长的直廊易感单调,多折的曲廊较易产生层次的变化。此外,在廊内的适当位置作横向隔断,不仅隔断自身具有观赏价值,同时可以增加廊内的空间层次和深远感;廊内设月洞门、花格、镂窗,将植物种植在廊内,局部地面上升等设计手法也同样可以达到异曲同工之妙。

此外,在现代园林景观的处理中,往往将廊的内部空间作高效的应用和设计,例如在居住区、公共交流空间、商业空间、入口空间或过渡空间中,构筑木质廊架,结合配置树池、座椅、花钵、雕塑等景观要素,栽植一些藤蔓植物,增加空间的自然气息,聚集人气,活跃气氛(图5-2-35、图5-2-36)。

图5-2-35 公共空间长廊

图5-2-36 居住区长廊

(2)创造功能空间。通过廊的围合与构筑,为人们提供停留、交流、休憩的空间,在廊的支撑和构筑作用下,内部空间更有归属感、向心力和闲适、愉悦的环境气氛,再加之植物的种类丰富、色彩多样,构成了软硬对比适中,疏密有致的和谐共生空间,给空间创造了更多的亲近感(图5-2-37)。又如通过廊的骨架支撑作线条的弧形变化成为为人们提供遮阴、靠背设施等,也是功能空间创造的直接材质体现(图5-2-38)。

图5-2-37 创造空间之廊

图5-2-38 创意廊

5. 立面造型

园林中常见的亭廊组合或廊榭组合的形式,是丰富廊立面造型的常用手法,设计时要注意建筑组合的完整性和主要观赏面的景观透视效果,使建筑组合具有统一的风格。除这种形式外,丰富廊的立面造型的设计手法还有很多。

6. 注重廊的细部装饰

园林建筑的细部装饰是与功能结构密切结合的，廊当然也不例外。檐枋下有挂落，古代多用木做，雕刻精细（图5-2-39、图5-2-40）；现代多取样简洁，廊的下部有坐凳栏杆，既能休息防护，又能与上面的挂落呼应构成框景。单面空廊，墙上应尽可能开些镂窗花格，有取景、采光之效，有的为了晚间采光还可以做成灯窗。注重廊的细部装饰还可以应用美人靠、花格等作为现代景观中功能与艺术的共融。

图5-2-39　古典长廊细部处理细致

图5-2-40　廊外檐山西
苏画彩画局部效果图

7. 要素的组合设计

廊作为建筑与建筑之间的连接通道，往往结合亭构成组合广泛应用在园林中，除此之外还结合榭、山石、水池等创造丰富的竖向变化和空间组合，形成丰富多样的景观界面。图5-2-41所示为廊借助植物的色彩及季相美，创造极富有画面美感和意境的空间。

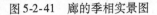

图5-2-41　廊的季相实景图

图5-2-42　某公园中地势平坦处建长廊

8. 注重廊内外空间的沟通与互动

廊的设计中，如必要有墙作为支撑的结构出现，要加之门窗、洞口的景观细节处理，这样廊的空间内外才会有沟通，在廊中游览和在廊架中观赏的人们才会有视线的交流和景观场景的交换与联系。

六、位置的选择与布局

园林建廊与地形密切相关，由于廊的单元"间"的自由组合，不论在广阔的平地还是在起伏的山丘，乃至河池水体，均可因地制宜，因此廊的位置可与平地、水体、山地等各要素产生多样的变化和联系。

1. 平地建廊

在古典园林中，常见的平地建廊的形式有两种：一种是园林的小空间或小型园林中建廊，沿界墙或建筑物以"占边"的形式布置，形制上一面、二面、三面、四面均可，在廊、墙、房等围绕起来的庭园中造景，易于形成四面环绕的向心布局，以争取中心庭园的较大空间；另一种是沿园的外墙布置环路式的游廊，这种游廊除不使游人遭受日晒雨淋外，还能打破高而实的外墙墙面的单调感，增加景观的层次和空间的纵深。

在现代园林中，平地建廊（图 5-2-42）的主要着眼点于利用廊围合、组织空间；同时，也可以作为动观的导游路线，连接于建筑单体或景点之间，并于廊内设置坐凳，为人们提供休憩场所。设计时，廊平面的曲折变化应视两侧的景观效果和功能要求确定，随形而曲，自由变化，既能保证面向主要景物，又争取创造休憩的小空间。

2. 水边或水上建廊

水边或水上建廊，一般称为水廊，供游人欣赏水景、休憩乘凉及连接水上建筑之用，形成以水景为主的空间。位于水边的水廊（图 5-2-43），水体的驳岸正好作为廊基，尽可能紧接水面。廊的平面也应大体紧贴岸边，尽可能与水接近，在水岸曲折自然的情况下，廊也应沿着水边，顺自然之势与环境相融。若能部分挑入水面，则临水景观效果更好。如苏州拙政园西部那段有名的波形廊，连接了"别有洞天"入口与"倒影楼"和"三十六鸳鸯馆"两栋建筑物，成 L 形布局，高低曲折，翼然水上。中间一处三面凌空突出于水池之中，紧贴水面漂浮着，有一种轻盈跳跃的动感。为使廊子显得轻快、自由，除注意使尺度较小外，还应特别注意廊下的支撑处理，选用天然的湖石作为支点，以增加廊漂浮与水面的感觉。

图 5-2-43　水边建廊　　　　　　　　　图 5-2-44　滨水廊

凌驾水面之上的水廊，以露出水面的石台或石墩为基，廊基同样宜低不宜高，最好廊的底板尽可能贴近水面，并使两边水面经过廊下相互贯通。人们漫步水廊之上，左右环顾，宛如置身水面，别有风趣。廊蠹立在河岸边，模拟或引入古典风格的古墙作为丰富人文景观，引出人们遐想的重要景观（图 5-2-44）。又如广州泮溪酒家在荔湾湖上建的一段水廊，仿佛一条扁扁的水平链带漂浮于水面，端点以水榭结束，从东岸望去，颇有动态。

（图 5-2-45）人们漫步水廊深入水体之上的挑台，左右环顾，宛如置身水面，扩大了水面上的活动空间，给观赏水面提供了多角度的观景平台，别有风趣。

图 5-2-45　廊与挑台

图 5-2-46　桥与廊

桥廊是水廊的一种，供休息游览，能在水中形成倒影，别有风韵，分隔水面似水面长虹，景观效果更佳。如图 5-2-46 中，仿坡屋顶镂空处理的廊沿水面伸展出挑形成贴近水面的桥廊，生动细腻。

3. 山地建廊

山地建廊，功能上将山地不同高程的建筑用廊连接成通道以避雨防滑，景观上也可借以丰富山地建筑的空间构图。廊依山势蜿蜒曲折而上，地形坡度大者，梁柱间不能保持直角正交，屋顶呈斜坡式，称为爬山廊。如北海濠濮间，山石环绕，树木茂密，环境清幽，以爬山廊连接了四座屋宇，呈曲尺状布局。廊从起到落，跨越起伏的山丘，结束于临池的水榭，手法自然，富于变化。

七、廊的材质设计

1. 木结构

有利于挖掘传统古典的园林建筑风格与内涵，形体玲珑小巧，视线通透，使人与自然的距离更近，具有自然的美感与野趣（图 5-2-47）。

图 5-2-47　木结构廊

2. 钢结构

钢的或钢与木结合构成的廊也是很多见的，轻巧，灵活，机动性强（图5-2-48、图5-2-49）可作为场景的边界或入口的地标性构筑物，这种材质的属性和散发出来的钢筋的景观魅力都会给场景中增添一些景观中少有的力量感。

图 5-2-48 钢质廊（一）

图 5-2-49 钢质廊（二）

3. 砖石结构

砖石结构的花架，能给人造成材质厚重、大气、庄重的景观效果，可根据不同的景观节点和要求作砖石材料的选用（图5-2-50）。

如图5-2-51，廊在此担负了重要的景观过渡的作用，不仅在平面形式上，而且在竖向的处理中，在材料的交错使用中，都烘托了铺装材质与廊基础材质的色彩呼应。

此外还有钢筋混凝土结构、竹结构等。

图 5-2-50 砖石结构廊

图 5-2-51 景观廊效果图

任务三 花架的设计

┌───────────┐
│ 任务描述 │
└───────────┘

（1）会花架的平面设计，绘制出其平面图。

（2）会花架的造型设计，绘制出其立面图。

（3）会花架的剖面设计，绘制出其剖面图。

（4）能够对花架进行色彩设计，绘制出花架的透视效果图。

（5）会进行花架设计说明的编写以及汇报文件 PPT 的制作。

知识链接

一、花架的含义

花架是指用各种材料构成一定形状的格架，供攀缘植物攀附的一类园林设施，又称棚架、绿廊。花架虽然在古代也应用较多，但更是一种极富现代气息的园林建筑类型。其最大特点是与植物的结合甚为紧密，因而与自然环境更易协调。

二、花架的功能

花架可应用于各种类型的园林绿地中，往往具有亭、廊的作用。作长线布置时，能够像游廊一样发挥脉络的功能，连接单体建筑，划分空间增加景深、形成导游路线等；作点状布置时，能够像亭子一般，形成观赏点，并组织对周围景色的观赏。

花架又区别于亭、廊，它的空间更为通透，尤其植物独特的造景功能和物候变化为花架平添了一番生机与活力，遮阴效果也更加明显，休憩更加舒适，人们的参与性更强；同时，花架也是攀缘植物常见的支撑物，为攀缘植物的生长创造了条件。因此，设计中常有亭、廊、花架相结合的形式，以使之更加活泼和具有园林的多景观要素融合的性格。

三、花架的分类

花架从造型上大致可分为廊架式、片式、独立式、组合式等四种类型，其中每种类型的造型仍然是非常灵活和富于变化的。

1. 廊架式花架

廊架式花架是最常见的形式。这种花架先立柱，再沿柱子排列的方向布置梁，在两排梁上垂直于列柱的方向架设间距较小的枋，两端可向外挑出（图5-3-1）。有平架、球面架、拱形架、坡屋架、折形架等。其中，圆形花架的枋是从中心向外辐射，形式舒展新颖，别具风韵。如图5-3-2，在传统中国符号的装饰掩映下，更显廊架式花架的气质与特色。

图 5-3-1　廊架式花架

图 5-3-2　传统风格廊架式花架

2. 片式花架

片式花架是将隔板镶嵌于单列梁柱上作为攀附植物的支架，可制成预制单元，高度根据植物而定，比较灵活。造型轻盈活泼，非常美观，现代感极强，如图 5-3-3、图 5-3-4 所示，单片式花架精巧、轻盈，极简约地彰显现代感，同时配之以座椅，给人创造休闲、交流的空间。

图 5-3-3　单片式花架

图 5-3-4　单片式花架景观效果图

3. 独立式花架

独立式花架（图 5-3-5）也是现代园林常见的一种装饰性极强的花架形式。以各种材料做成的墙垣、花瓶、伞亭等形状，用藤本植物缠绕成型。造型和功能都类似于亭，最适于作独立景物设置。通常着重表现在花架精美的造型和材质，因此攀附植物不宜过多，可作为装饰和陪衬。

4. 组合式花架

花架可与亭、廊等有顶建筑组合，从而丰富造型，增强生态气息，并且为雨天使用提供活动场所，也可将廊架式花架和独立式花架组合设计。

如图 5-3-6 与图 5-3-7 所示，杭州植物园半圆形双花架位于园路边，以一段景墙将两独立花架联成一体，增加连接的紧密性，使空间有所分隔，植物种植在圆桶形体内侧，造型新颖，别具一格。

图 5-3-5　独立式特色花架

图 5-3-6　半圆形双花架立面图

图 5-3-7　半圆形
双花架透视图

四、花架的设计要点

1. 要与植物合理搭配

花架是与植物结合最紧密的园林建筑类型，设计时必须充分考虑与植物的搭配。

首先，除少数纯粹展示建筑本身的雕塑型花架外，必须考虑种植池的设计，可放在花架内也可放在花架外，可与地面相平也可适当高置，要为植物生长创造良好的条件，通过植物的搭配，软化了花架材质的质感与硬性线条。在实际中，很多花架只见架子不见花，这都是不符合花架设计要求的，也不能为人们提供一个理想的休憩环境。当然，后期也要加强养护，不能让植物影响人们的正常活动。花架不仅要在绿荫的掩映下好看且好用，在落叶之后亦要如此。如图 5-3-8 所示将种植池与花架构造融为一体，给植物的生长提供了合适的环境和基础，也为花架的景观增添了均衡、稳定的厚重感。

图 5-3-8　花架实景图

其次，要注意选择适宜的植物种类，根据植株的体量、生长习性、观赏特征等设计花架整体的造型、色彩、材质及格栅的宽窄粗细等。同时，"花"和"架"要有一个主次关系，有重点、有衬托，景观效果才能够更加突出。

2. 要注意与环境的协调

花架的造型非常多样，现代园林中的应用也日益广泛，一定要注意与周围环境在风格上的统一。当然，也可通过材质和色彩的变化，起到画龙点睛的作用。如图 5-3-9 所示，花架的整体线条和造型与公共空间主景点的铺装纹理和场地产生巧妙的呼应与结合，风格独特。同时，精美的花架设计必须注重细部，如布置坐凳供人小憩，墙面开设洞口、镂窗，柱子间嵌以挂落或格栅，还能帮助植物的攀附（图 5-3-10），或在柱子、格栅上设计些空中栽植池，既美观又便于悬垂植物的种植，花架周围还可以点缀叠石水池等形成精致小景。

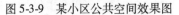

图 5-3-9　某小区公共空间效果图

图 5-3-10　花架景观效果图

如图 5-3-11、图 5-3-12 所示，花架位于道路转弯处，平面随道路及场地的变化而变化，如弧形花架随弧形道路而行，圆形花架沿圆形场地而伸展，花架的弧形及圆形，中间以折墙相连，联系紧密，空间秩序感强。

3. 可作为入口空间的点睛景观

在景观的入口空间处理中，可利用花架作为入口空间的节点和点睛之笔，有竖向的强调和景观细节的突出，也是入口中室内外的过渡，因此现在花架在入口的空间的应用中非常广泛（图 5-3-13）。

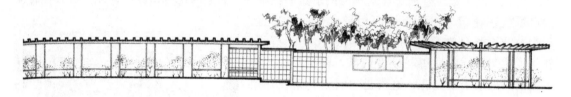

图 5-3-11　花架立面图

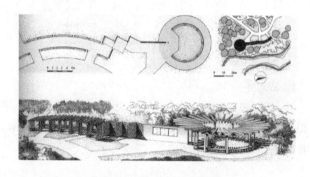

图 5-3-12　花架平面图与透视图

图 5-3-13　某小区入口空间

4. 可作为精致的小品装饰

花架在一定的景观处理中，也可指花钵、花格等小品的支撑装饰构筑物（图 5-3-14），花架可结合一些植物、花卉作精致的细节处理。

5. 注意造景手法的应用

花架的设计中要考虑造景手法的应用，有线形的重复、呼应与对比，适当考虑虚与实的对比，材质与色彩的对比等，其中图 5-3-15 中，花架的景观处理中，既有镂空的栅格作背景景观，可以看作"虚"，铺装的线条有交叉、平行的关系形成网格，在此铺装可看作"虚"。

图 5-3-14　花格架

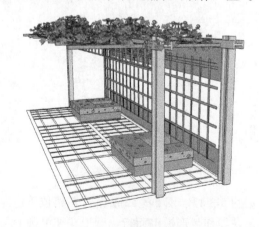

图 5-3-15　花架效果图

6. 造型独特，个性鲜明

花架的设计中要结合具体周边环境、景观要素、场地属性等因素做到造型突出，个性及风格鲜明，具有一定的时代特征。

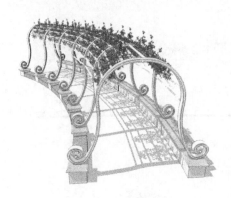

图 5-3-16 花架造型独特

图 5-3-17 花架富有张力

如图 5-3-16 所示，花架主体线条自然、生动，富有动感，造型灵活，与规整的基础部分形成鲜明的对比。如图 5-3-17 所示，花架的每个结构细节模拟植物丛生的壮观景象，形象地表现植物的旺盛的长势，线条真实生动，自然富有张力。花架的上部结构作掏空处理，仿佛天井般景观的处理细节，而其下有位置对应，大小相近的水池一处与之呼应，很好地加强了两个竖向高度层次的联系，也让空间中的景观元素更加融合（图 5-3-18）。如图 5-3-19所示，花架顶部主体体现了曲线线条的流畅与自然，给人以波浪翻滚的美感，又有视线聚焦的动态感，亮点突出，创意十足。

图 5-3-18 特色创意
花架

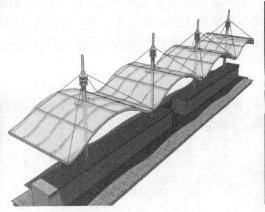

图 5-3-19 特色创意花架

图 5-3-20 特色
创意花架

如图 5-3-20 中花架作大胆的材质、线条、形式等的革新，从进深的角度观察，有花海似锦的景观意向，既有创意的生动，又有细腻的处理。如图 5-3-21、图 5-3-22 所示，南京药物园花架各图中，平面由两个圆形组成，构成"8"字形，大圆中又设一独立花架，小圆中设雕塑，平面形式活泼，空间变化具有节奏感和律动性，造型上别具韵味。

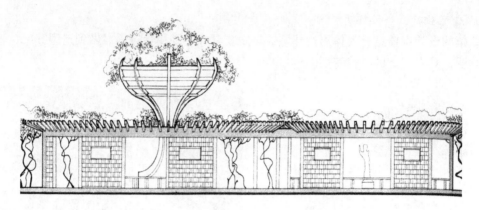

图 5-3-21　南京药物园花架立面图

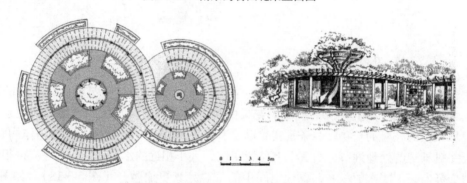

图 5-3-22　南京药物园花架平面图及透视图

7. 常与亭等要素组合造景

花架的景观设计常与亭等要素相组合（图 5-3-23），作为强调主次或高低错落的处理手法。花架的重复序列会给人造成一定的视觉疲劳，为了打破这方面的单调感，可与亭组合造景，这样的处理使层次上有节奏、有重点，从竖向上给人们提供视线聚焦的多样体验。

图 5-3-23　花架与亭组合

8. 营造空间，景观层次

花架的单个个体的组合形式可营造镂空、明朗的景观空间，形成空间中的虚实并无严格界限，花架的围合创造了空间边界的竖向效应，极富视觉控制力，将空间向内凝聚的力量焕发出来，既有舒适的美感，又有耐人寻味的景观逻辑性。如图 5-3-24、图 5-3-25 所示，通过花架富有创意的线条构成和具有整体性的纹理组织使花架既有大气壮观的气势，又有精致、婉约的细节气质。

图 5-3-24　特色创意花架

图 5-3-25　特色创意花架

五、花架的结构和材料

花架的造型非常丰富，不像亭、廊有通常的构造组成和要求。下面从一般的体量尺度要求和几种常用材料的构造材料及构造方法这两个方面进行介绍。

常见的构造材料和构造方法：

1. 竹、木花架

竹、木花架的特点是朴实、自然、经济、易于加工，风雨中不磨伤植物，但易腐朽，耐久性差，植物长成了，架子质量也不行了。

竹花架的立柱常用直径 100mm 的竹竿，主梁直径 70～100mm，枋直径 70mm，其余的杆件直径 50～70mm。竹材限于强度及断面尺寸，梁柱间距不宜过大。

木花架的木料树种最好为杉木或柏木。

竹、木花架的立柱通常将下端涂刷防腐沥青后埋设在基础预留孔中。竹立柱与梁的交接之处，可采用附加木杆连接；木立柱与梁之间的连接，可采用扣合榫的结合方式。

竹、木花架的外表面，应涂刷清漆或桐油，以增强其抗气候侵蚀的耐久性。

2. 砖石花架

砖石花架的特点是厚实耐用，易形成朴实、浑厚的风格，但材料运输较困难。花架柱常用块石砌成，也可用砖块砌成或空砌，然后抹水泥做水磨石、水刷石面层或用石板贴面处理。对于砖柱，可采用汰石子、斩假石的工艺方法处理，形成比较精细的风格。立柱外表面块材之间的缝隙，应进行勾缝处理。梁架则常用竹木、混凝土、条石制成。

3. 钢筋混凝土花架

钢筋混凝土花架使用钢筋混凝土材料，用现浇或预制装配的施工方法制成，特点是能够现场安装，灵活多样，经久耐用，目前应用最为广泛。

立柱的截面尺寸控制在 150mm×150mm～250mm×250mm，若用圆柱，则直径为 160～250mm。柱的垂直轴线方向的截面大小与形状可以有所变化，有时将单柱设计成双柱，柱间布置混凝土装饰，以增强花架的景观效果。

混凝土的大梁可现浇或预制后安装，小梁和格栅一般在预制好后安装到设计位置。最上面的栅格又叫条子，可用 104 涂料或丙烯酸酯涂料刷白两遍。梁也可以刷白，或做装饰抹灰。立柱一般采用水磨石、水刷石面层的装饰抹灰处理，也常用石板贴面或陶瓷锦砖贴面，也可用天然花岗石做柱的。

4. 金属花架

金属花架利用各种规格的管材型钢，任意弯折，制成各种曲线形或钢架形的花架，特点是活泼自由，轻巧挺拔，极富现代感。

立柱可用直径 100～150mm 的圆钢管或 150mm×150mm 的组合槽钢做成，下端固定于钢筋混凝土的基础上。大梁可采用轻钢桁架的形式，格栅可采用直径 48mm 的钢管做成。花架的荷载不大，可以用空心管材。

各钢杆件之间一般采用电焊连接固定，所有钢杆件表面必须作防锈涂料处理，并要经常油漆养护，以防脱漆腐蚀。金属花架夏天易导热，要选择抗热性较强的植物种类，故金属花架非常适合设计为造型独特的雕塑型花架，不搭配植物或点缀少量飘逸细致的植物，营造现代浪漫的风格。同时，坐凳宜采用木材料，容易协调且较舒适。

【设计案例】

设计案例如图 5-3-26～图 5-3-28 所示。

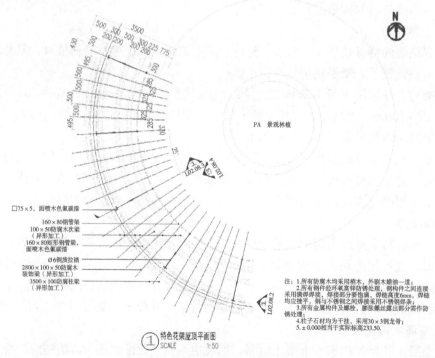

图 5-3-26　特色花架屋顶平面图

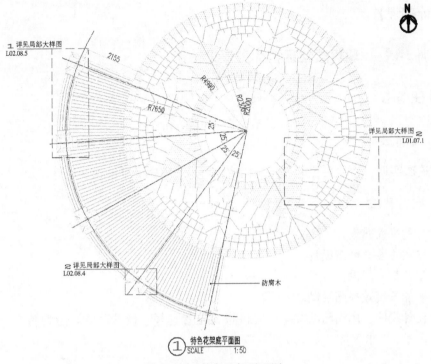

图 5-3-27 特色花架平面图

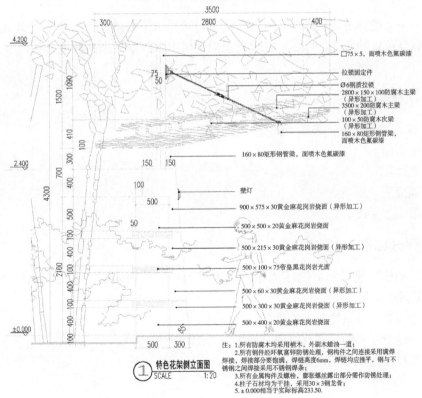

注: 1.所有防腐木均采用梢木, 外刷木蜡油一道;
2.所有钢件经环氧富锌防锈处理, 钢构件之间连接采用满焊焊接, 焊接部分要饱满, 焊缝高度6mm, 焊缝均应挫平, 钢与不锈钢之间焊接采用不锈钢焊条;
3.所有金属构件及螺枪, 膨胀螺丝露出部分需作防锈处理;
4.柱子石材均为干挂, 采用30×3钢龙骨;
5. ±0.000相当于实际标高233.50.

图 5-3-28 特色花架侧立面图

【设计实训】

【实训 5-1】 现代居住区内休息亭设计

设计任务书

一、实训目标

通过这次实训，让学生理论与实践相结合，熟练掌握园亭的初步设计。

二、设计内容

（1）亭的平面图设计。

（2）亭的主要立面图设计。

（3）亭的剖面图设计。

（4）亭的透视效果图绘制。

（5）设计说明：用简洁的文字说明该亭的位置选择、设计理念、造型特点、材料选择及色彩质感等，要求字数少于 200 字。

三、设计要求

（1）该亭必须满足其设计要点，即亭的造型需要、亭的体量及比例、细部装饰等

（2）该亭位置的选择，即要求在设计说明中给出该园亭周围的环境、如山石、水体、植物等

四、图纸要求

A2 图幅，比例自定，表达方式要求手绘。

（1）平面图。

（2）立面图。

（3）剖面图。

（4）透视效果图。

五、评分标准

（1）正确处理建筑与周围环境如周边道路条件、自然环境、历史文化环境、建筑物、水文地质条件的关系。

（2）正确掌握建筑物各个构件的尺寸关系。

（3）正确选择亭的造型及材料，使之与周围环境相协调。

（4）图纸表达清晰、完整。

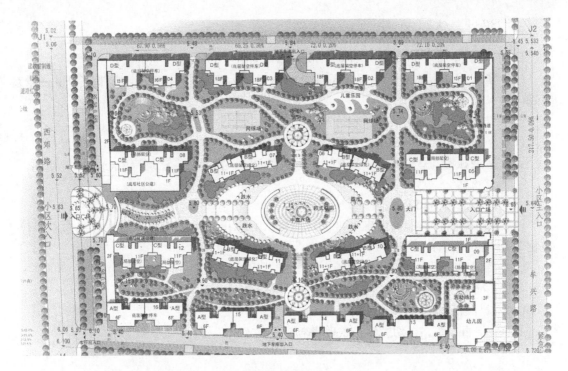

设计用地现状

【实训5-2】 屋顶花园廊架设计

设计任务书

一、任务目的与要求

目的：本次需要学生通过了解廊架的设计特点，掌握廊架的设计手法，包括廊架如何与地形适应，室外场地如何与原有地形结合，原有绿化、水体如何加以利用和保护，廊架造型特色等。本次设计要求学生绘制建筑单体——廊架，培养提高学生对古典园林建筑的设计能力。

要求：

（1）通过廊架的设计，理解与掌握园林建筑的设计方法与步骤。

（2）综合解决人、建筑、环境的关系，重点熟悉并解决园林建筑设计特点。

（3）训练和培养学生建筑构思和空间组合的能力。

（4）综合考虑建筑与环境相结合的布局方式。

二、场地现状

本设计地块中主体建筑性质为商住式建筑，四层商场上为屋顶平台，作为住宅的活动区域，将要设计屋顶花园，设计范围如色块位置，其中场地中要求必须出现廊架。廊架的样式、布局、结构材料、位置、朝向等不限。

三、设计具体要求

1. 设计要求

（1）紧密结合用地地形与现状条件，使廊架成为环境中的有机组成部分和重要景观节点。

（2）设计满足日常生活、休闲的景观特点。

（3）平面功能合理，尽量满足各方向来源的游客有好的观赏景观面。

（4）造型独特，立意鲜明，具有一定主题和内涵，富有景点建筑特色。

2. 图纸内容

（1）总平面图 1:150。

要求：方案图画出准确的廊架平面和阴影，并画出详细的周围环境布置（包括道路、植物等），绘出指北针。

（2）廊架立面图 2 个，比例 1:50。

要求：准确、完整地表现其廊架的尺寸与材料。

（3）设计说明 500 字以上。

要求：语言精练，贴切生动，条理清晰，主次分明。

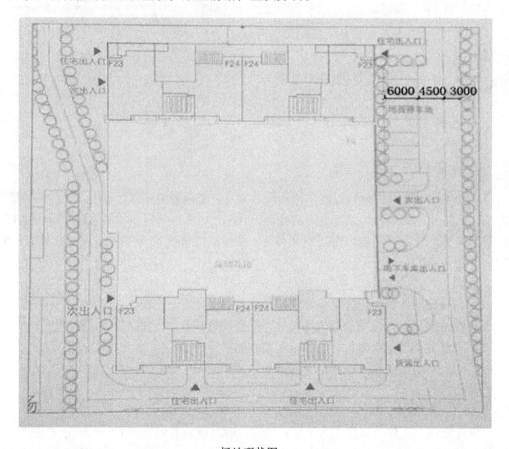

场地现状图

【学习评价】

园林建筑单体设计评价方法与评分表见下表。

园林建筑单体设计评价方法与评分表

项目	分值	评价标准	得分
总体布局	20	（1）正确处理建筑与环境的结合与避让，同周边道路条件、自然环境、历史文化环境与建筑物形成良好、和谐的对话关系，总体空间处理及序列组织有序 （2）对用地内设置限定条件的考虑 （3）场地内部道路安排与交通组织合理	
功能分区	25	（1）功能分区明确，合理安排各种内容不同的区划（如内外、动静、私密与开放等） （2）平面和竖向功能分区合理 （3）良好的物理环境（通风、采光、朝向等）	
建筑内外空间组织	20	（1）建筑物主要出入口的位置选择合理 （2）入口的位置、功能及交通组织 （3）空间形成序列感与层次性	
建筑造型	15	（1）整体造型新颖，符合游憩建筑的特点 （2）立面设计错落有致 （3）造型手法丰富	
图纸内容表述	20	（1）图面内容逻辑清晰，容易读图 （2）图底分明，线型明确，图纸内容主次有别 （3）构图均衡，主题突出 （4）绘制清晰，图面明快 （5）用色得体，和谐统一	
合计	100	合计	

 项目**六** 服务性园林建筑设计

 项目分析

　　服务性园林建筑是园林建筑当中具有使用价值的建筑类型，也是园林中非常重要的园林要素，包括公园茶室、餐厅、接待室、售卖商店、卫生间、摄影部等。通过服务性园林建筑的方案设计，进一步掌握设计的基本方法及构想。掌握服务性园林建筑设计的特点，主要建筑本身与自然环境之间的关系处理。加强对尺度、比例、建筑功能及建筑空间的认识。学会用墨线淡彩、马克笔绘制建筑方案设计的效果图，进一步学习、巩固表现方法。重点学习建筑环境、建筑造型的设计方法。

 项目目标

　　（1）了解服务性园林建筑的性质、特点与功能，培养构思能力。

　　（2）熟悉有关服务性园林建筑的设计规范，掌握其设计方法与设计要点。

　　（3）对室内空间有一定的感知能力，训练学生的空间设计组合能力。

　　（4）了解人体工程学，掌握人的行为心理，以及由此产生的对空间的各项要求。

　　（5）能够独立完成公园茶室设计。

　　（6）能够独立完成公园接待室设计。

　　（7）能够独立完成公园售卖商店设计。

　　（8）能够独立完成公园卫生间设计。

【项目实施】

任务一　公园茶室设计

┌ 任务描述 ┐

（1）会公园茶室的平面设计，绘制平面图。
（2）会公园茶室的造型设计，绘制立面图。
（3）会公园茶室的剖面设计，绘制剖面图。
（4）能够对公园茶室进行色彩设计，绘制公园茶室透视图。
（5）会进行设计说明的编写以及汇报文件PPT的制作。

┌ 知识链接 ┐

近年来由于户外活动与旅游需求的日益升温，茶室作为饮食业建筑在风景区和公园内已逐渐成为一个重要的园林设施。该服务性建筑由于其功能的实用性特点，在人流集散、功能要求、建筑造型等方面对景区的影响比其他类型建筑大。在设计过程中要深入调查，结合实际，因势利导，不仅要满足其使用功能，如果设计得当也会成为景区的重要景观。

一、茶室功能与类型

茶室是主要供游人饮茶的地方。同时可以提供休息、赏景、交往和从事文娱活动。

园林中的茶室根据不同的功能需求，可以有多种不同的类型，通常除了功能齐全的茶室外，较小型的、功能较少、偏重稍作小憩的茶室称为茶亭；作为茶室的一部分，偏重赏景，或室外的走廊型茶室也称为茶廊。在实际设计中，应根据基地的实际情况来组织茶室的平面功能布局，无论是茶室，还是茶亭、茶廊，都是茶室为满足一定功能的变形。

有一些茶室位于风景区内，有以景区、景点名称命名的，如桂林七星岩月牙楼、驼峰茶室；有以公园名称直呼的，如广州流花公园流花茶室，杭州花港观鱼茶室；有依其所在环境、气氛之特点另设雅号的，如北京颐和园听鹂馆、广州越秀公园听雨轩、武汉东湖公园听涛酒家、杜甫草堂浣花溪、杭州玉泉观鱼鱼乐国等。

茶室除了一般的茶室外，常见的还有具有某些专门性质的文艺茶室、曲艺茶室、音乐茶室、冰室、茶艺馆等类型。

二、位置选择

茶室作为园林中重要的园林建筑之一，具有明确的使用功能，同时具有点景与赏景的作用，

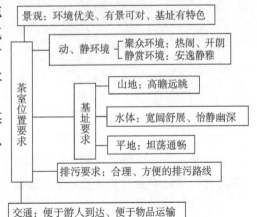

图6-1-1　茶室位置要求（引自卢仁《园林建筑》）

如图 6-1-1 所示。在一般公园里，茶室建筑应与各景区保持适当距离，避免抢景、压景而又能便于交通联系。建筑位置选择适当还能达到组织风景的作用。为了配合游人一般位于游人集中的景点附近，并且根据园林的大小、总体布局而不同。人们在饮茶时，应该有开阔的视野、美丽的风景或安静环境与之相伴，因此茶室的位置选择尽可能选在园林的构图中心，以及游人视线的焦点。茶室餐厅有动、静之分。热闹区的茶室餐厅可选在游人聚集的广场旁、主干道附近，或者在公园出入口处可以同时兼顾园林内外的使用。图 6-1-2 所示为武汉汉阳公园茶室，位于公园入口附近，来往人流频繁，环境热闹，是公众交流的佳地。安静环境的茶室，以赏景为宜，但位置不可过于偏僻，不可过于偏离人流，适当安静的环境即可。

在中等规模的公园里，为了方便游人，茶室建筑也布置在人流活动比较集中的地方。建筑地段一般交通方便、地势开阔，以适应客流处于高峰期的需要，也有利于管理和供应。为吸引更多的游客，基址所在的环境应考虑在观景与点景方面的作用。有些为取得幽静的使用环境，将建筑物略偏离公园主路，如图 6-1-3 所示的上海松江公园茶室，位于公园一隅，并有小山与园内人流稍作隔障，环境幽雅安静，是良好的舒心畅谈之地。

在风景区或大规模的公园里，一般采取分区设点。在规模较大的风景区为方便远道而来的游客会设置规模较大、设备较完善的生活服务点，为游客提供住宿与饮食。在各景区则分设一些饮食点、茶室、冰室等，在总体布局上形成一个完整的服务网络。

这样结合游览路线布置饮食服务点，还可使动态的饮食服务区和园中其他宁静的游览区交替出现，使园林空间序列富有节奏。

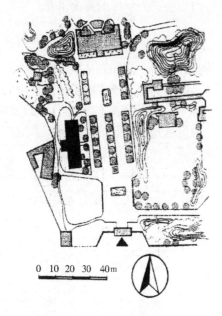

图 6-1-2　武汉汉阳公园茶室

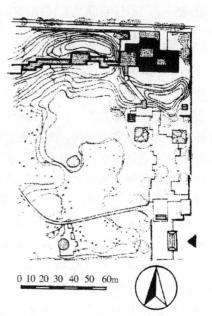

图 6-1-3　上海松江公园茶室

在位置选择方面要注意下列两种不良倾向：一是设施过于集中，二是选址过于偏僻。茶室餐厅建筑为取得幽静的景效，建筑基址稍偏一隅，以减小公共活动地段对建筑的干扰，便于饮食业建筑辅助部分的处理，但要注意偏倚要适度，便于材料运输与人的可达性，否则在使用中会影响营业。

总体来说茶室主要安排在以下几种位置：

1. 临水

包括跨水建筑和濒水建筑，不同的水环境，建筑风格也会不同。

临水建筑大多面临较宽阔的水域，这类建筑宜向湖面展开，常采用厅、亭、台等建筑形式。杭州花港观鱼茶室，如图 6-1-4a ～ 图 6-1-4c 所示，位于花港观鱼公园的小南湖西岸，两栋别致的小楼临水而立，从茶楼望出去，能看到西湖四景，分别是雷峰夕照、苏堤春晓、花港观鱼、南屏晚钟。一面临水，边品茶边观赏湖面美景，自然是美不胜收。

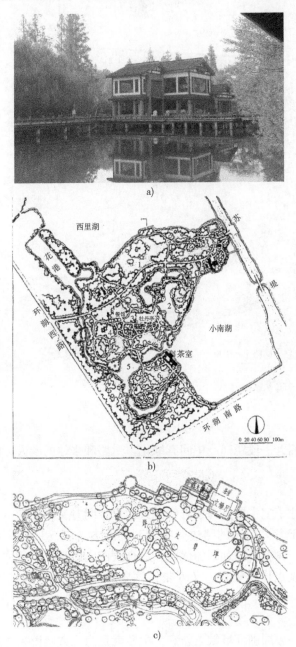

图 6-1-4 花港观鱼茶室

a）花港观鱼茶室外立面图 b）花港观鱼景区总平面图 c）花港观鱼景区茶室

2. 水中

这类建筑多位于湖心岛，低濒水面，是宾客览胜登临的好场所。由于整栋建筑位于湖中心，根据游客赏景的需要，茶室客人抬头远眺之时，需要有适当的对景出现，这就需要沿水边的景致要好，能够很好地利用水边环境与建筑形成对景，如图 6-1-5 所示。

总平面图 1：1500

图 6-1-5　某公园湖心岛茶室

3. 岸边

岸边茶室与水面隔开一段距离，中间有绿化、道路和来往的游人，削弱了亲水感，如桂林南溪山茶室。

4. 山顶或山腰

在山顶或山腰处建茶室主要是为了方便游人休息，同时又能借助山势观赏风景，一般茶室建在山顶或山腰位于游人经过的路边容易看到的地方，图 6-1-6 所示为无锡锡惠公园茶室，位于山腰及山顶，具有高瞻远瞩的优点，适合人们爬山累了以后休息。茶室总体位置布局合理，即可作为景观点供人观赏，又可兼具休息的功能，很好地发挥了园林建筑基本的作用。

5. 平地

在平地上建茶室一般周围环境缺乏新意，主要就是为了方便游人休息或者是需要一个安静的环境。图 6-1-7 所示为南昌八一公园，茶室处于平地基址，借侧边山体及围墙，构成休息观赏空间，使茶室建筑与外环境共同构成一个赏玩的空间，使空间从建筑内部延伸至建筑外部，无形中放大了建筑空间，能更好地为游人服务。

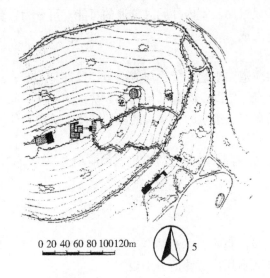

图 6-1-6　无锡锡惠公园茶室

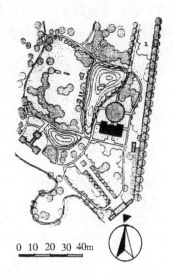

图 6-1-7　南昌八一公园茶室

三、组成

由于茶室总体来说属休闲类建筑，所以分为室内空间与室外空间，也就是建筑空间与自然空间。内外空间应互相渗透，互相融合，室内外交融汇成一体，使游人置身于建筑与自然空间之中。园中游人数量大多随季节变化较大，应注意利用室外空间调整人流。淡季时仅室内部分就可以满足使用要求，而旺季时则可以充分利用室外自然空间来分流客人。

茶室室内空间组成，如图 6-1-8 所示。

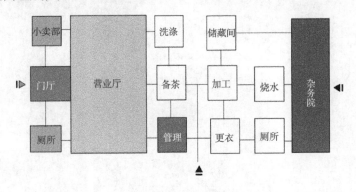

图 6-1-8　茶室组成关系图

1. 营业空间

营业空间是园林茶室的主立面，营业厅既要交通方便又要有好的朝向，并与室外空间相连。茶室营业空间面积约以每座 $1m^2$ 计算，布置桌椅除座位安排外还要考虑客人要出入与服务人员送水、送物的通道。两者可共同使用以减少交通面积，但要注意尽可能减少人流交叉干扰。

门厅：室内外空间的过渡，缓冲人流，在北方冬季有防寒作用。主要由前台服务区和商

143

品销售区构成。

营业厅：园林茶室营业厅应考虑最好的风景面及室内外同时营业的可能。可分为散台和包间两大部分，其中散台主要有散座与厅座组成。

2. 辅助空间

辅助空间要求隐蔽，但也要有单独的供应道路来运送货物与能源等。这部分应有货品及燃料等堆放的杂物院，但要防止破坏环境景观。辅助空间包括备茶间、洗涤间、开水间、储藏间、办公管理空间、厕所等。根据园林的规模、茶室的大小、周围的环境来确定其他组成部分。

（1）备茶及加工间：茶或冷、热饮的备制空间，备茶室应有售出供应柜台。

（2）洗涤间：用作茶具的洗涤、消毒。

（3）烧水间：应有简单的炉灶设备。

（4）储藏间：主要用作食物的储存。

（5）办公、管理空间：一般可与工作人员的更衣、休息结合来使用。

（6）厕所：一般应将游人用厕所与工作人员用内部厕所分别设置。

（7）小卖部：一般茶室设有食品小卖部或工艺品小卖部等。

（8）杂务院：作为进货入口，并可堆放杂物，及排出废品。

3. 室外空间

位于室外与茶室相连的空间，一般选择风景较好的空间或者有植物遮蔽处，利用硬质铺装或木质铺装划分，其与室内空间融为一体，而与其他室外空间产生区分。根据建筑内部功能技术确定空间布局，在外部表现为一定的建筑实体形态，并成为整体空间环境的构成元素。建筑形成的集合特征和细部装饰，都将与周围的空间环境发生直接的联系，如图 6-1-9 所示。

图 6-1-9　苏州苏泉苑茶室外环境空间

四、园林茶室设计

1. 设计要点

茶室设计的构思和立意应建立在茶室所在景区的基础上，在设计开始之前，尤其应注意分析该茶室所在景区的位置，并根据其位置确定茶室的功能特点以及茶室所在的景区，分析茶室所应采取的建筑风格。对以上两点的正确分析与把握，是茶室设计中最为基础也是最为重要的部分。

（1）营业厅用房的设计要点。

1）营业厅用房要布置在日照光线最好的方位。

2）具有良好的通风条件。

3）具有良好的景观视线。

4）内部布置合理、交通流线通畅、避免各流线间的干扰。

5）桌椅布置符合人体工程学，方便使用。

6）空间净高不小于 3.0m，设空调营业用房不低于 2.4m，异型屋顶最低处不低于 2.4m。

7）单侧采光的营业厅，其进深不宜超过 6.60m。

8）楼台或阳台不应遮挡底层日照光线。

9）营业厅设施一般尺寸，如图 6-1-10 所示。

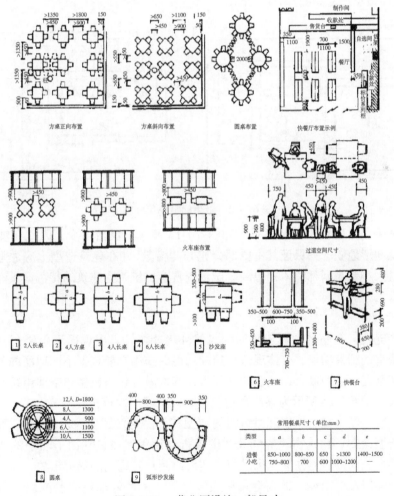

图 6-1-10　营业厅设施一般尺寸

（2）辅助用房设计要点。

1）加工间净高不低于3.0m。

2）卫生间设置前室，并且注意防止视线出现干扰。

3）客座小于100座时，设女大便器1个，男大便器1个；大于100座时，每100座增设男大便器1个或小便器1个，女大便器1个。

4）洗手盆小于50座设1个，大于50座时每100座增设1个，洗手盆尺寸空间如图6-1-11所示。

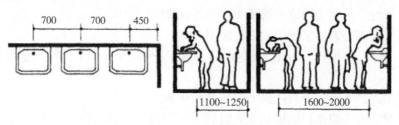

图6-1-11 洗手盆与空间关系尺寸图

5）卫生间最小尺寸如图6-1-12所示。

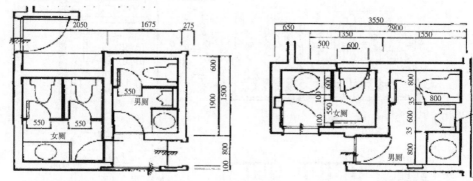

图6-1-12 卫生间最小尺寸图

由于园林茶室体型较小，平面布局如图6-1-13所示，灵活多变，因此在功能组织上应尽量顺应基地地形地貌，并保证其主要部分充分"借景"，在建筑造型上应注意美观，其建筑风格、体量大小要与园林整体相协调，做到既富有传统茶室建筑的特色又具有新意，并适于景点的要求。

2. 建筑处理

（1）建筑造型。茶室的形象应与周围自然环境相协调，美观而不落俗套，能够吸引游人。点景是茶室的精神功能，要体现这种精神功能的作用则要根据不同地区的气候条件，不同环境的具体情况，因地制宜，结合功能要求仔细推敲其建筑造型与空间组织，创造出较丰富的建筑形式，图6-1-14所示为某茶室建筑造型与空间组织分析。

立面图可较清晰、完整地表现建筑物的造型特征。为使图面表现真实、层次节奏丰富，尽量用多种线型绘制。建筑物轮廓线及大的转折处用粗实线；立面上较小的凹凸，如门窗洞、台阶、阳台、雨篷、立柱等轮廓线用中实线绘制；轮廓内的局部形象，如门窗扇、雨水管、勒脚、墙体线及引出线、标高等用细实线绘制；室内外地坪为基准线，用特粗实线绘制，以强调线的节奏变化，如图6-1-15所示。

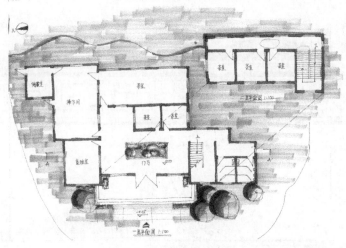

图 6-1-13　茶室平面布局

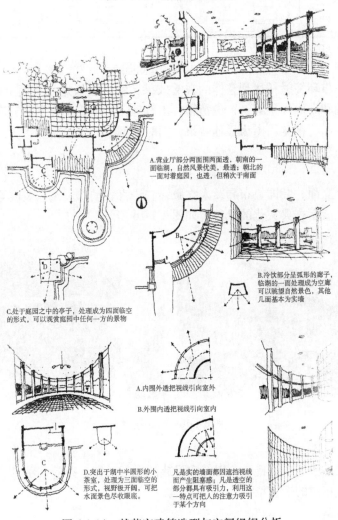

A.营业厅部分两面围两面透，朝南的一面临湖、自然风景优美，最透；朝北的一面对着庭园，也透，但稍次于南面

B.冷饮部分呈弧形的廊子，临湖的一面处理成为空廊可以眺望自然景色，其他几面基本为实墙

C.处于庭园之中的亭子，处理成为四面临空的形式，可以观赏庭园中任何一方的景物

A.内围外透把视线引向室外

B.外围内透把视线引向室内

D.突出于湖中半圆形的小茶室，处理为三面临空的形式，视野极开阔，可把水面景色尽收眼底。

凡是实的墙面都因遮挡视线而产生阻塞感；凡是透空的部分都具有吸引力，利用这一特点可把人的注意力吸引于某个方向

图 6-1-14　某茶室建筑造型与空间组织分析

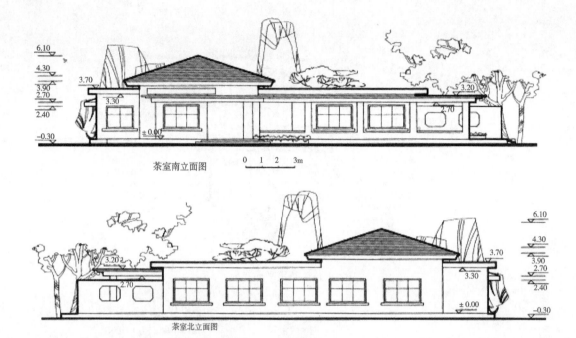

图 6-1-15　茶室立面图

园林建筑往往靠环境衬托达到整体的视赏效果，所以应根据总平面上的环境要素构景。常在建筑物的两端和后面画些配景，像植物、山石等，绘图线条要概括、流畅，配景数量不宜过多，以主体突出、视觉均衡为最佳效果，同时强调空间的距离感。

1）茶室造型设计风格：

仿古茶室

仿古茶室在外立面、装饰、布局及人物服饰、语言、动作、茶艺表演等方面都应以传统为范本，在总体上展示古典文化的风貌，如图 6-1-16 所示。

图 6-1-16　仿古茶室

民俗茶室

民俗茶室强调民俗、乡土特色，以特定民族的风俗习惯、茶叶、茶具、茶艺或乡村田园风格为主线，形成相应的造型特点。

室内庭院式茶室

室内庭院式茶室以江南园林建筑为蓝本，结合茶艺品茗环境等要求设有亭、台、楼阁，曲径花丛、拱门回廊、小桥流水等，茶室造型与庭院风格相结合。

园林式茶室

园林式茶室突出的是清新、自然的风格。或依山傍水、或坐落于风景名胜区。由室外空间与室内空间共同组成，造型一般比较新颖，可作为园林景观的一部分，往往营业面积比较大，如图6-1-17所示。

图6-1-17　园林式茶室

现代式茶室

现代式茶室的风格比较多样化，建筑造型往往根据茶室的主题、经营者的兴趣、周围环境等决定，差异较大。

2）茶室造型设计注意事项：

整体风格、布局和谐统一

外空间环境与周边环境一致，可通过借景的手法协调，与内部装饰互为延伸，各部分相互贯通，过渡自然。

视觉上要保持平衡

从多视角进行观赏，各部分的位置、形状、比例和质感在视觉上达到适宜、平衡。通过对周围环境的考查，确定适当的比例尺度、位置经营、增大建筑的空间感。

动静结合

考虑空间面积大小，设计上可通过组成区间的平衡组合，营造多个观赏点，引导视线往返穿梭，调节建筑环境的动静节奏，建筑、墙体及植物都是可利用的因素。

色彩上注意冷暖搭配

色彩冷暖会影响空间层次感，亮而暖的色彩可拉近距离，暗而冷的色彩会收缩距离，空间中将亮而暖的元素布置在近处，暗而冷的元素布置在远处，取得增加进深的效果。

（2）茶室内空间环境（图6-1-18）。前台空间设计时要注意整体风格要和谐，视觉上美观、整洁，布局上人的行走路线合理，色彩上要给人亲切感与舒适感。

散台的设计布局要考虑茶室的风格、整体布局和交通以及和景观的和谐搭配，按照结构可分为散座与厅座。

散座俗称大堂，主要是供茶客品茶、聚会、休闲的场所，它是茶室中最为开阔和开放的空间，是体现实用功能和艺术特色的公共展示空间。散座设计要注意：风格要统一、布局合理、色彩搭配和谐。

厅座属于茶室中的半开放空间，可用栏杆隔开，增强空间与归属感，厅座布置要符合茶室整体风格，配以书画、植物作为点缀。注意保持私密性与舒适性，色彩不宜过杂。

包房的空间位置需要通过对茶室的建筑空间进行认真分析，梳理出合理的功能空间。对其内部空间处理要在建筑设计基础上进一步调整空间尺度和比例，解决好空间与空间之间的衔接、对比、统一等问题，通过家具陈设、灯光设计、色彩搭配和顶棚、地面、墙面的装饰等综合性设计使其更为合理科学，兼具艺术性。包房设计要注意室内装饰要有整体性和系统性，空间要讲究层次感，家具布置要符合人体工程学。

图 6-1-18　茶室内空间环境

五、园林茶室实例分析

1. 竹院茶室（图 6-1-19）

茶室坐落在扬州（靠近上海西北的一个城市）石桥花园，竹院是沿袭中国传统园林的基本元素，融入自然的环境。漫步竹院中，竹子纵横交错，营造纵向横向视觉效果。高高的竹条围合成户外步行道，在湖面上呈不对称布局。

浮于水面之上，砖砌房屋和相连的百叶窗似竹廊构成了其特色。茶室设计呈不规则立方体，形成一个内部景观空间。在方形平面布局基础上分割出小空间，以营造内部景观区域。每个内部景观空间皆可饱览湖面全景。立于湖上，一排排高高的竹子沿着门外通道排列开来形成了一条条走廊。竹子在水平和垂直方向都有放置，以制作"有趣的深远"意义和行走其间时的视觉效果。门框里装了灯体，在灰色的砖砌建筑中形成一个明亮的过道。

从外观上看，竹院是一个有虚实变化的立方体。夜晚灯火亮起，茶室的竖向线条更加明显。简洁的外形诠释了建筑与自然统一。竹子和砖的天然材料保证了可持续性。外墙开口加强了竹院自然通风，厚实的砖墙冬季保温效果好，减少了对人工取暖和人工制冷系统的依赖性。

茶是中国最珍贵的文化遗产之一，几千年来一致深受欢迎。茶需要置于一个低调的环境中，来让人们领悟其悠久历史。竹院以其建筑内在和设计，为饮茶体验提供了一个契机。

2. 金华瓷屋茶室（图 6-1-20）

金华瓷屋茶室设计者王澍是土生土长的中国新一代设计师，自称一天不喝茶就会生病，所以设计茶室时，随即想起将 100m^2 的茶室，设计成一个容器。茶室形状取材自宋代砚器，茶室是砚台，砚首在南，砚尾在北。在室内喝茶时，茶客可坐在砚池底，东南风会由砚坡爬向西北；若茶客从西北边的楼梯走上屋顶，则可欣赏江南景色。

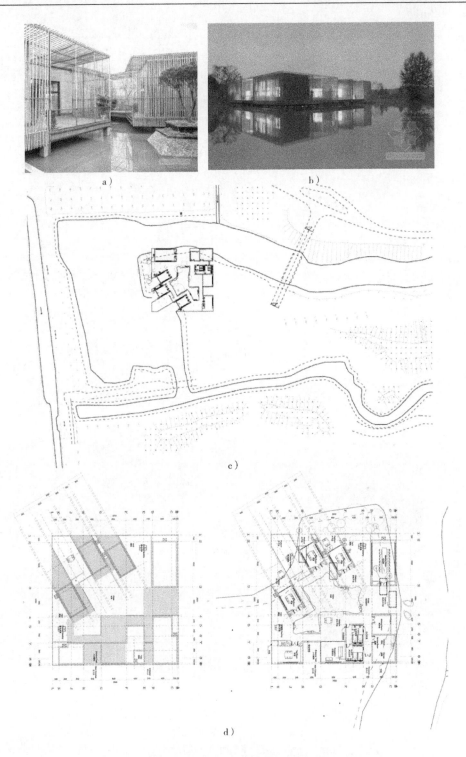

图 6-1-19　竹院茶室

a）竹院茶室内部空间　b）竹院茶室建筑外立面效果图

c）竹院茶室总平面图　d）竹院茶室平面图

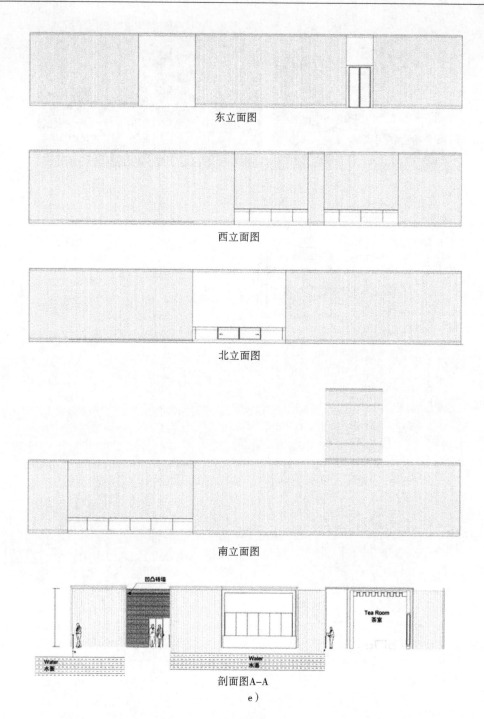

图 6-1-19　竹院茶室（续）

e）竹院茶室立面图及剖面图

　　春季多雨，雨水沿着砚坡自西北下泻东南，形成水榭。西北边有楼梯可上屋顶，坐在屋顶可观江上景色。东西墙遍开小孔，房子开户牖以为器，孔小称窍，是为风与光线而开。屋子内外都贴着瓷片，色彩本无规律，却呈现出中国陶瓷全谱系的色彩。

建筑面积中纯室内面积约 $90m^2$，南北檐下面积约 $40m^2$。西门边有楼梯可上屋顶，坐在屋顶，可观江上景色。屋内外均贴建筑师的陶艺家朋友周武做的瓷片，房子就成了彩色的。色彩的无规律随意性，陶瓷质地，细碎色点，就和东边艺术家艾未未、西边丁乙的房子构成一种唱和。

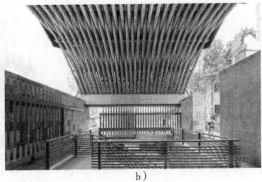

a)　　　　　　　　　　　　b)

图 6-1-20　金华瓷屋茶室

a) 金华瓷屋茶室外部造型　b) 金华瓷屋茶室空间结构

任务二　公园接待中心建筑设计

任务描述

（1）会公园接待中心的平面设计，绘制平面图。

（2）会公园接待中心的造型设计，绘制立面图。

（3）会公园接待中心的剖面设计，绘制剖面图。

（4）能够对公园接待中心进行色彩设计，绘制公园接待中心透视图。

（5）会进行设计说明的编写以及汇报文件 PPT 的制作。

知识链接

公园接待中心建筑是构成景区整体功能结构的组成部分，是景区直接服务于游客最重要的内容之一，是旅游景区设立的为游客提供信息、咨询、游程安排、讲解、教育、休息等旅游设施和服务功能的专门场所。修建接待中心的目的是向游客提供有关旅游和游览目的地的信息，同时提供必要的服务和帮助，有些甚至包括住宿及娱乐设施。

一、公园接待中心功能与类型

公园接待中心有六大功能展示、服务与管理。具体来说就是：

（1）引导功能：公园接待中心一般位于旅游中心或出口处，起着窗口的作用，通过这个窗口，旅游者可以了解整个区域内环境、景物和旅游各组成要素的分布、组合及存在的问题。

（2）服务功能：公园接待中心可为旅游者提供住宿、休息、餐饮、交通、娱乐、购物等服务，以便使旅游者满意，顺利完成在本区的旅游计划。

（3）游憩功能：公园接待中心距风景区较近，本身也有部分特殊的自然风光，或景观建筑或民俗风情或直接是景区的一部分，使旅游者在逗留时间内可安排部分时间进行游览起到游憩功能。

（4）集散功能：公园接待中心是游览区与大城市间的交通连接点，对来往旅游者具有集散作用。

（5）解说功能：公园接待中心最为重要的功能之一。解说、传授和住处服务作为基本的交流手段可让大众清楚、明白关于自然和文化资源的意义和价值。

（6）其他功能：包括失物招领、物品寄存、医疗服务、邮政服务、残疾人设施提供等。

公园接待中心有两种类型：贵宾接待中心和综合接待中心。以下主要以综合接待中心为例。

二、位置选择

1. 景区入口处

受公园游人容量布局的影响。一般游人容量相对集中的地点主要在景区的入口处，景区内部交通换乘处和重要的节点处。因此，游客接待中心也多坐落于此，便于向游客提供服务的同时也可使更多的游客了解景区的相关情况。

例如峨眉山游客接待中心是全国景区首家建立的游客接待中心，位于报国寺景区，该区是峨眉山游览起点，也是整个风景区的入口门户景区。峨眉山游客中心并不具备餐饮住宿的功能，主要以导游服务为主，如图6-2-1所示。

图6-2-1　峨眉山游客接待中心建筑

2. 基础设施完善处

公园接待中心的选址，应该注意到水源、电能、环境保护、地理条件、抗灾等基础条件是否具备，因游客接待中心是人口聚集区，能源和安全保障尤为重要，同时应靠近交通便捷的地段，便于人流疏散，依托现有服务设施及城镇设施，既节约费用也可以与原有服务设施连为一体。

3. 自然环境有利于建设地段

公园接待中心的选址应避开易发生自然灾害和不利建设的地段，同时还要分析检测所选位置的自然生态环境，应因地制宜，使游客接待中心与周围环境相互协调，尽量充分顺应和利用原有地形，最大限度地减少对自然环境的损伤或改造。尤其对于自然保护区、旅游风光区等以自然风景取胜的景区，更要引以为戒。

九寨沟诺日朗游客接待中心，如图6-2-2

图6-2-2　九寨沟诺日朗游客接待中心

所示，位于诺日朗瀑布上行300m处，集景区投诉、救护、治安、消防管理、旅游纪念品销售、游客休息和餐饮于一体的接待中心。这是一个集藏式传统建筑风格和现代建筑技术为一身的四方形建筑，屋顶是透明的，所以采光非常好。

4. 建在开阔处

公园接待中心是景区主要的服务场所，集信息发布、风景展示和游客服务项目三大功能于一体，接待中心往往会聚集大量人群，所以，应具备一定面积的空旷的广场，这不仅便于人群出入和疏散，而且利于旅游车辆的停放。在选址时，应选择地势平坦、面积较大、空间广阔的地方，使其能够容纳大量的游客和车辆。但是也要根据景区的具体情况而作适当的调整，例如对于一些景观较为密集或以山地风光为主的一些景区，缺乏平坦开阔

图6-2-3　长白山北景区游客接待中心

的地块，可降低采用相邻设施来代偿或补救，也可以采用分散的点状布局形态，集小而为大加以解决。长白山北景区游客接待中心（图6-2-3），主体建筑呈"工"字形，建筑制高点15.9m，是目前东北三省单层底架最高的建筑之一。整座接待中心建筑位于半山腰的一处开阔地，有足够的空间对人流、车流进行有效的疏导。

三、组成

公园接待中心建筑属于功能性极强的建筑，应配合室外空间同时使用。室内空间，主要承担着游客休息、咨询等功能；室外部分主要负责游客换乘、人群集散等功能。室内空间分为主要使用空间、次要使用空间、辅助使用空间和交通空间。其平面布局尽量做到功能空间完备，如图6-2-4所示。

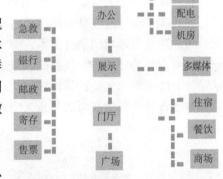

图6-2-4　游客接待中心组成关系图

1. 主要使用空间

主要使用空间包括展示空间、休息室、问询处、购物空间、导游室、邮电通信空间等。

（1）展示空间：通过地图、沙盘、文字向游人提供旅游信息，图文并茂地让游客了解景区的线路图、自然科学知识、人与自然的关系，从而让游客直观地了解景区情况，确定游览线路，并启迪游客的环境保护意识。

（2）休息室：休息空间可设置不同类型的休息处，比如免费休息室和VIP休息室。休息空间设置座椅，供游客疲倦时能够有一个恢复精神的场所。

（3）问询处：向游客提供咨询服务，游客可以在此领取景区的相关介绍资料，还可通过电子触屏查询各种信息。

（4）购物空间：主要向游客提供当地特产、介绍景区的书籍、音像资料、旅游纪念品等。

（5）导游室：是景区为方便游人培养一批以向游客介绍景区自然风光、人文特色的工

作人员的休息场所。

（6）邮电通信：主要是向游客提供手机充电、免费上网、Wifi 等功能的空间，以方便游客与外界联系或关注各类新闻资讯。

2. 次要使用空间

急救室、管理办公室、一些接待中心提供的会议、住宿、餐饮空间等均属次要使用空间。

急救室：是为游人在游览过程中各种身体不适或意外伤害提供服务的安全保障。

住宿、餐饮：主要是为游客生活提供方便。

管理办公室：为景区的日常事务管理。

3. 辅助空间

卫生间、设备房、库房、厨房等是辅助空间。

设备房是接待中心专门收放工具、设备的空间，其实就是储藏性质的空间，这种专门空间能够体现出接待中心的管理水准。

4. 交通空间

门厅、走廊、楼梯等是交通空间。

门厅：一般是游客进入中心的入口，也是主要的交通枢纽，起着停留、分配人流和交通缓冲的作用。游客来到接待中心，在此处稍作停留，作为由室外到室内的过渡空间，既要合理集散人流，又可美化建筑内部空间环境。

5. 室外空间（图 6-2-5）

整个环境是个大空间，建筑空间只属于其中的一小部分，二者之间有着密切的依存关系。当代建筑设计已经从个体设计转向整体设计，单纯追求建筑单体的完美是不够的，还要充分考虑建筑与环境的融合关系。游客接待中心建筑造型的选定，应纳入风景名胜区总体规划，使所设计的建筑与其所处的风景区环境相协调，并成为风景区的有机组成部分。这就要求设计者能够根据所处的具体环境，对能满足内部空间要求的多种建筑形体方案进行综合比较，这是设计外部建筑形成与景区空间环境应有的协调关系。

图 6-2-5　巨石阵游客接待中心室外空间环境

四、公园接待中心设计

1. 设计要点

建筑平面布置（图 6-2-6），应该明确主要使用空间布置在主要位置上，而把次要的使用空间排在次要的位置上，使空间的主次关系顺理成章，各得其所。在接待中心建筑中，展示区域、休息厅等主要使用部分布置在主要的位置上，辅助部分布置在次要的位置，做到分区明确，联系方便。功能分区的主次关系，还要与具体的使用顺序结合。

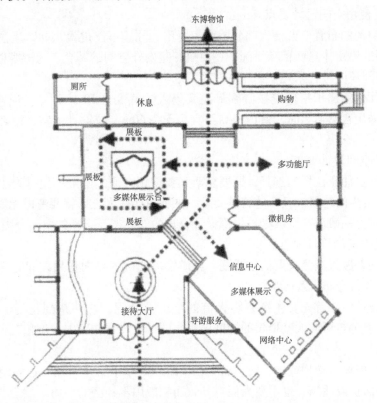

图 6-2-6　峨眉山游客接待中心平面布置图

公园接待中心的展示部分在空间上呈现为单一的大空间形式，通过它可以很好地把其他功能空间联系起来，往往会成为平面组合的核心。常见的平面组合形式分为两种：一种是展示部分紧密结合门厅，其他部分如多功能厅、管理办公空间围绕周围布置。它还有一种变形，即展示部分成为交通枢纽，多功能厅、管理办公部分围绕其布置。另一种是根据地形特点，因地制宜地布置各功能部分，兼有前面的一种或两种平面组合的特征。

第一种平面布置方式与第二种平面布置方式主要区别前者将接待中心的功能围绕展示部分进行布置，后者是将接待中心各部分灵活布置，可以很好地适应不同的地形。

（1）主要使用空间设计要点。

1）展示空间内的参观路线应通顺，并设置可供灵活布置的展板和照明设施。以自然采光为主，并应避免眩光及直射光。出入口的宽度与高度应符合安全疏散、搬运物品的要求；每个展厅的使用面积不宜小于 65m^2，一般总面积在 $100\sim300\text{m}^2$ 左右，如果展览物品丰富可达到 $400\sim500\text{m}^2$。

2）展示空间设置有两种方法，一种是设置专门的展厅或陈列空间，另一种是结合走廊、过道等布置展示空间。中小型接待中心受面积的限制可以采用此种方法。但必须考虑到走廊、走道的净宽要适当放大，不能影响走廊、走道的交通功能。

3）无论是设置单独的展示类空间还是交通性空间结合设置，都必须考虑与门厅的位置关系。一般展览类空间与门厅都有直接联系，对于单独展厅，既要与门厅相连，又要保持自己的独立性。

（2）次要使用空间设计要点。

1）休息空间的布置应方便大部分游客的使用，位置不能过偏，同时应注意人流路线组织，保证必要的停留休息面积和设施；还要搞好室内外空间的结合，为游客创造优美的休息环境。室内空间还应符合采光、通风和卫生要求。

2）休息厅使用面积指标应按游客最高聚集人数每人 1.10m² 计算，通常面积在 100～300m² 左右。采用自然通风时，室内净高不宜小于 3.60m。应设计前室，游客量大的应单独设洗手室。

（3）辅助空间设计要点。

1）卫生间要注意位置的选择，既要隐蔽又要使用方便。隐蔽不仅是为了减少气味也怕它有碍观瞻。卫生间还要满足一些特殊要求，如针对伤残人士，就要考虑无障碍设计。

2）设备用房一般放在隐蔽处，内部设计合理的储物架及合理的空间分隔。

（4）交通空间的设计要点。

1）门厅的各股人流流线要简洁通畅，给游客以明确的导向作用，同时尽量避免人流的交叉与重复，并符合防火及疏散要求。

2）门厅设计中，首先要注意游客人流的组织与分配，它关系到正门、楼梯的合理布局。对容易吸引游客形成人流聚集的辅助区域，应尽量布置在厅内人流相对少的位置，避开主要人流路线。

3）当门厅内设有楼梯或电梯时，就不仅要组织好水平交通人流，还要组织好垂直交通人流。门厅的面积应适当，也不要大而空导致面积使用不经济。

4）单独的门厅，面积在 20～100m² 不等，若是采取门厅和展示空间相结合的方式，则主要参考展示空间的面积设置。

2. 建筑处理

（1）一般原则。

1）注重功能。

2）建筑与周围环境协调统一。

3）不能脱离建筑技术来谈建筑设计。

4）使建筑个性与民族性、地域性结合在一起。

（2）造型要求。

1）不要脱离具体条件去片面追求某种建筑形式，而应根据接待中心的性质、等级标准以及技术经济指标等条件作恰当的艺术处理，不搞虚假的门面和烦琐的装饰。

2）造型处理要结合地区条件和特点。北方地区一般不采用过分开敞的处理；南方地区可有较大灵活性，而且可多采用我国庭院建筑的手法，结合绿化、水池等建筑小品，为观众创造优美的室外环境。

3）既要突出重点，又要顾及全面。如：主体部分、主要出入口、门厅、展示厅以及休息厅等，无论是形式处理、色彩、材料质感和装修等方面都要作重点处理。但同时要有统一格调，有主次、有呼应，使建筑的各个部分成为一个完整统一、相互协调的有机体。

4）建筑形式处理要因地制宜，不要盲目抄袭。要不断研究探讨，把新的功能、新的要求、新的技术、新的结构和新的艺术与环境有机结合，融为一体，使建筑造型反映出其科学性，经得起推敲，既新颖、有时代感，又不失其独自的特点。

（3）设计手法。

1）分清主次、有机结合，如图 6-2-7 所示。

一栋建筑物，无论其体型怎样复杂，都不外是一些基本的几何形体组合和体量的加减而成。游客接待中心建筑的造型只有在功能和结构合理的基础上，使各个要素能够巧妙结合成一个有机整体，才能具有完整统一的效果。体量的组合要达到完整统一，最起码的要求是要建立一种秩序感。空间体量的秩序感主要是通过平面布局良好的条理性和秩序性来表现的。所以在进行体型组合时，还是应先从平面组织开始，平面组织与体量组合结合考虑。

传统的构图理论，十分重视主从关系的处理，并认为一个完整统一的整体，首先意味着组成整体的若干要素必须主从分明，各组成部分必须有所区别，而不能平均对待、各自为政，否则难免流于松散、单调而失去统一性。因此，各个部分应该有主次之分，有重点与一般的区别。在建筑中，无论从平面组合到立面处理，还是从内部空间到外部体形，以及从细部装饰到群体组合，都要处理好主与从、重点和一般的关系，以取得完整的统一效果。不论采用对称或不对称的平面布局都如此。若采用不对称的体量组合，就要按不对称均衡的原则进行设计，以达到主从分明。

2）体量与比例尺度的处理，如图 6-2-8 所示。

图 6-2-7　某景区游客接待中心
建筑造型高低错落形成主从关系

图 6-2-8　合肥湿地公园游客接待中心建筑根据
周围环境确定建筑体量，比例和谐、尺度恰当

比例是一个整体中部分与部分之间、部分与整体之间的关系；尺度是建筑物的整体或局部给人感觉上的大小印象和其真实大小之间的关系问题。比例与尺度是经典美学的两个基本内容。一切造型艺术，都存着比例关系是否和谐，尺度是否恰当的问题。由于技术、经济和文化的发展，人们的审美观念已发生了一些改变，但对于游客接待中心来说，造型设计是需要处理好比例与尺度的问题。在设计过程中，首先应处理好该建筑整体的比例关系，也就是从体量组合入手来推敲各基本体量长、宽、高三者的比例关系，各体量之间的比例关系以及各部件的尺度问题。体量是内部空间的反映，而内部空间的大小和形状又与功能有关，还与材料性能和结构类型有关。

根据用地条件和功能要求，游客接待中心的平面布局确定以后，因景区规划对建筑层高有所限制，那么体量的关系就已大体上被固定了下来。设计时不能撇开功能而单纯从形式上去考虑问题，不能随心所欲地变更比例关系，但却可以利用一些灵活的手法来调节基本体量的比例。此外，也可通过竖向分割与垂直分割相结合的方法，来调整建筑整体的比例关系。

在处理好整体的比例关系时，也要注意整体和局部、局部与局部以及建筑各构件之间的比例关系。如果处理不当，则会产生不佳的效果。一般在立面设计中，常借助于门窗、细部等的尺度处理反映出建筑的真实大小。

3）虚实与凹凸处理，如图 6-2-9 所示。

体量、体型确定以后，虚、实和凹凸的处理就成为造型设计需深入研究的一个重要问题。"虚"是指立面上的玻璃、门窗洞口、门廊、空廊、凹廊等部分，能给人以轻巧、通透的感觉；"实"是指墙面、柱面、檐口、阳台板等实体部分，能给人以封闭、厚重、坚实的感觉。而虚实处理本身存在着比例与尺度的问题。游客接待中心是大量人流聚集的建筑，门厅和休息厅可以运用以虚为主、虚多实少的处理手法获得轻巧、开朗的效果。同时，巧妙地处理凹凸关系可以加强光影变化，增强建筑物的体积感，丰富立面效果。

4）建筑的色彩处理，如图 6-2-10 所示。

在设计游客接待中心建筑时可以按一定的构思来调配色彩，表现出一种主调和风格，可以来源于当地传统建筑材料的颜色，比如江南传统聚落的粉墙黛瓦、西北地区的棕黄色土墙。设计中，设计者可选择某种色彩为基准色，在色彩变化上，应把握好变化的尺度，色彩完全相同会显得单调，变化太多又会显得杂乱。建筑的色彩搭配切忌对比过于强烈，会破坏整体的协调性，但重点部位可以用醒目的颜色。建筑色彩表现气氛与环境色有关，因此还要注意与环境协调。建筑色彩与背景呈现色彩对比时，可以使建筑形象更加突出，建筑与背景色调有适度的差异使两者能融为一体，又可相映成趣。

图 6-2-9　仙女山游客接待中心建筑
外立面虚实与凹凸处理

图 6-2-10　楚雄州牟定县景区"彝和园"
接待中心建筑色彩与当地建筑色彩融为一体

5）建筑的材料与质感，如图 6-2-11 所示。

不同的材质能使人产生不同的心理感受，而且是视觉和触觉上的多重感受，能给人细致入微的知觉体验，其引起的感觉更为贴近和亲切。因此，材料的质感可以从多方面表达建筑师的意图，体现建筑的内涵。粗糙的毛石显得厚重与坚实，而玻璃则突出的是材料和技术的精细，使人感到轻巧、细腻、简洁、干净。软、硬、粗细、滑涩都是人们通过接触可以获得的感觉。在人能接触到的界面设置具有舒适触感的质地，能充分体现建筑对人的关心。质感表

图 6-2-11　西藏尼洋河游客接待中心利用当地的
建筑材料"石材"和建造技术，使建筑厚重坚实

现的处理，一方面考虑材料天然情感，另一方面还要注意表现人工处理以及材料组合可以引起的感情效应。砖墙、金属、木材、石材等各种建筑装饰材料，能表达出各种不同建筑的外观。充分利用材料质感的特性，巧妙处理，有机结合，加强和丰富建筑的表现力。

五、公园接待中心实例分析

1. 大提顿公园 Craig Thomas 探索与游客中心（图 6-2-12）

中心由博林·西万斯基·杰克逊（Bohlin Cywinski Jackson）设计，坐落在蜿蜒河岸的森林和草甸之间。在广阔的怀俄明州风景中，在一片云杉、三角叶杨、山杨树林边，这里是一个充满平静和亲密气氛的场所。室外空间的尺度可以容纳聚会和初到的人群。屋顶倾斜向上，远离庭院，它的锯齿状边缘似乎向远处的特顿山脉致意。

中心保持了美国国家公园地区仿古建筑的优良传统，同时其设计又充分体现现代化的设施和内容。建筑、景观和功能被谨慎、小心地整合起来，为游客提供丰富的体验。

图 6-2-12a　美国大提顿公园 Craig Thomas 探索与游客中心（一）

图 6-2-12b　美国大提顿公园 Craig Thomas 探索与游客中心（二）

图 6-2-12c　美国大提顿公园 Craig Thomas 探索与游客中心（三）

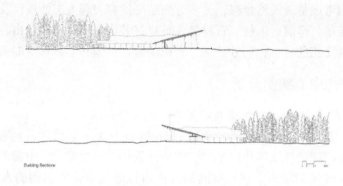

图 6-2-12d　美国大提顿公园 Craig Thomas 探索与游客中心立面图

图 6-2-12e　美国大提顿公园 Craig Thomas 探索与游客中心平面布局

2. 台湾日月潭游客中心（图 6-2-13）

台湾日月潭游客中心（Sun moon Lake visitor centre）由日本团纪彦事务所（Norihiko Dan and Associates）设计，建筑在蜿蜒盘曲的湖畔，由靠近地面的景观向水面方向缓翘起，在水面划出一道弧线建筑轮廓，创造了不同的建筑标高以及最佳的水景视野。建筑采用混凝土材料建造，屋顶被绿化草皮覆盖，俯瞰过去就像是草地被局部抬高了一样，整体建筑与环境完美融合。混凝土这种与自然环境格格不入的材料在建筑师的精心塑造之下产生了完美柔和的观感，其优美的弧线造型仿佛湖水冲刷后留下的雕塑作品，平凡的材料塑造了伟大的艺术感染力。

图 6-2-13a　台湾日月潭游客中心 Sun moon Lake visitor centre（一）

图 6-2-13b　台湾日月潭游客中心 Sun moon Lake visitor centre（二）

图 6-2-13c　台湾日月潭游客中心 Sun moon Lake visitor centre（三）

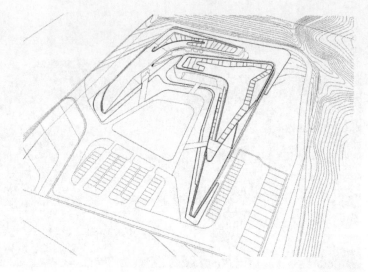

图 6-2-13d　台湾日月潭游客中心 Sun moon Lake visitor centre 总平面图

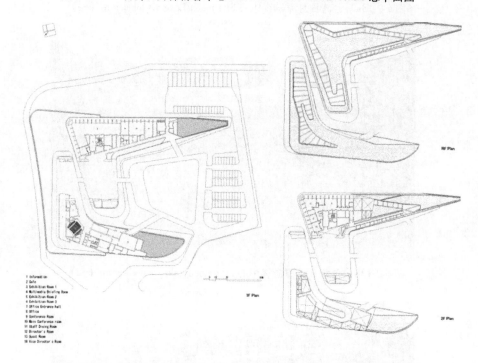

图 6-2-13e　台湾日月潭游客中心 Sun moon Lake visitor centre 平面布局图

任务三　游船码头设计

任务描述

（1）会公园游船码头的平面设计，绘制平面图。

（2）会公园游船码头的造型设计，绘制立面图。

（3）会公园游船码头的剖面设计，绘制剖面图。

（4）能够对游船码头进行色彩设计，绘制公园游船码头透视图。

（5）会进行设计说明的编写以及汇报文件 PPT 的制作。

知识链接

游船码头作为游船的必备设施之一，不仅提升了城市商业氛围，聚集了当地社会人气，也为高级商务阶层提供了一个奢华的集商务交流、休闲娱乐为一体的平台。

游船码头主要由堤岸、固定斜坡、活动梯、主通道浮码头、支通道浮码头、定位桩、供水供电系统、船舶、上下水坡道、吊升装置等组成。

游船码头设计可繁可简，对于较大型的游船，一般停靠在轮渡码头，该类码头一般功能复杂，规模较大（本文不进行论述），但建议设在风景区的水路入口或景区游览线上的轮渡码头，虽其功能类似一般轮渡码头，布置较复杂、规模较大，但也应侧重考虑造型设计，将它视为风景建筑来对待。

一、功能类型

我国园林布局以山水为骨干，水体常以不同的形式出现在园林之中，尤其城郊风景区常拥有较大的水面，故游览水面景观，进行各项水上活动是园林中常见的内容。游船码头专为组织水面活动以及水上交通而设，是园林中水陆交通的枢纽，以旅游客运、水上游览为主，还可作为园林自然、轻松的游览场所，又是游人远眺湖光山色的好地方，因而备受游客的青睐。

此外园林游船码头同样具有点景、赏景以及为游人提供休息空间的作用。若游船码头整体造型优美，可点缀美化园林环境。

1. 一般的游船码头按建造材料分为以下几种类型

（1）钢结构游船码头。钢结构游船码头是目前最流行的码头，一般钢结构游船码头主要有三种类型。第一种类型是塑料浮箱 + 热镀锌钢结构 + 防腐松木面板 + 引桥 + 其他部件。第二种类型是塑料浮箱 + 热镀锌钢结构 + 塑木面板 + 引桥 + 其他部件。第三种类型是塑料浮箱 + 热镀锌钢结构 + 硬木面板 + 引桥 + 其他部件。

（2）混凝土游船码头。薄壁混凝土游船码头采用内填充聚苯乙烯泡沫的混凝土浮箱，外覆盖钢筋混凝土，模具成型表面平滑，吸水率少于 5% 每立方米，具有浮力大，稳定性好，抗波性好，使用寿命长（50 年以上），免维护，经久耐用等特点。

（3）铝合金游船码头。在经历了塑料、混凝土、钢结构游船码头的时代后。铝合金游船码头无疑是下一个时代的主流。相对于传统的游船码头，铝合金游船码头的优势是毋庸置疑的。卓越的防腐蚀能力、便捷的运输和安装方式、超强的承受能力，这些特性使它几乎是一次安装永久使用。即使浮箱和面板年久老化，只要更换部分部件，铝合金游船码头又会焕然一新。

汲取国外铝合金游船码头的成功经验，经过多年技术攻关。我国终于开发出了新型的铝合金游船码头，新型铝合金游船码头采用航海级的 6061 铝合金，T6 热处理，MIG 焊制而成，表面经过科学的处理，增强了框架的抗氧化能力和抗腐蚀能力，可选用进口户外防腐松木、塑木、坤甸木作为铺板材料。经过严格测试，产品质量接近国外先进水准。

（4）趸船游船码头。趸船就是矩形平底船。由于自身并无动力装置，所以并非是真正意义上的航船。它通常被固定在岸边，或抛锚江心，作水上浮仓或供船只泊靠的浮码头。根据趸船成熟的发展技术开发出了新一代的趸船游船码头。趸船游船码头有混凝土结构和钢结构两种，大小尺寸和样式可以根据客户需要量身定做。它能够适应各种不同的复杂水域，灵活安装，移动方便，可配备新型太阳能照明装置和消防系统。既可临时停泊又可永久使用。

（5）组合式游船码头。游船码头，具有让游船停泊、清洗、维修和游人上下船等功能。以往人们概念中的游船码头多为钢筋水泥结构，但因为水位经常变化，此种结构的游船码头往往不能满足要求，浮动码头可以适应不同的水位，始终与水面保持固定的距离，受到越来越多使用者的青睐。设计人员会参考船型、水深、潮汐、水流情况和风浪大小等影响因素，设计出最理想的浮动游船码头，码头表面有防滑设计，并且可以根据需要铺设木板，在保证质量和安全的同时，是最经济的建造码头方式。不过，组合式模块即浮筒所能建造的只是中小型游船码头，大型的如货轮码头之类的需要其他具有更高承载力的材料来建。浮动码头的主体是浮筒。浮筒对于中小型游船码头来说，浮力以及承载力都已足够，因为就算单层游船码头不能满足还可以加为双层浮筒的游船码头，两侧用铁框固定住，大大增加了游船码头的浮力，保证了稳定性和安全性。利用浮筒为主体的浮动码头可以根据船体的尺寸，设计不同的码头。游船码头可以根据需要铺设木板，这会一定程度上延长码头的使用寿命。

2. 按泊船码头形式分类

（1）驳岸式码头，如图6-3-1所示。如果公园水体不大，常结合池壁修建，垂直岸边布置；较大的公园水面，可以平行池壁进行布置；如果水位和池岸的高差较大，可以结合台阶和平台进行布置。

（2）伸出式码头，如图6-3-2所示。用于水面较大的风景区，可以不修驳岸，直接将码头挑伸到水中，拉大池岸和船只停靠的距离，增加水深，这种码头可以减少岸边湖底的处理，是节约建造费用的较好形式。

图6-3-1　驳岸式码头　　　　　　　　　图6-3-2　伸出式码头

（3）浮船式码头，如图6-3-3所示。对于水库风景区等水位变化较大的风景区特别适用，游船码头可以适应不同的水位，保持一定的水位深度，夜间不需要管理人员，利用浮船码头可以漂动位置的特点，停放时将码头与停靠的船只一起固定在水中，以保护船只。其特点就是总能和水面保持合适的高度，管理较方便。

图 6-3-3　浮船式码头

二、位置选择

1. 游船码头位置选择

在游船码头的设计中，最先考虑的应是其位置的选择。可以从以下几方面考虑：

（1）周围环境。在进行总体规划时，要根据景点的分布情况充分考虑自然因素，如日照、风向、温度等，确定游船码头位置；设立位置要明显，游人易于发现；交通要方便，游人易于到达，以免游人划船走回头路，应设在园林主次要出入口的附近，最好是接近一个主要大门，但不宜正对入口处，避免妨碍水上景观；同时应注意使用季节风向，避免在风口停靠，并尽可能避免阳光引起水面的反射。

（2）水体条件。根据水体面积的大小、流速、水位情况考虑游船位置。若水面较大要注意风浪，游船码头不要在风口处设置，最好设在避开风浪冲击的湾内，便于停靠；若水体较小时，要注意游船的出入，防止阻塞，宜在相对宽阔处设码头；若水体流速较大，为保证停靠安全，应避开水流正面冲刷的位置，选择在水流缓冲地带。

（3）观景效果。对于宽阔的水面要有对景，让游人观赏；若水体较小，要安排远景，创造一定的景深与视野层次，从而取得小中见大的效果。一般来说，游船码头应地处风景区的中心位置或系列景色的起点，以达到有景可赏，使游人能顺利依次完成游览全程。

2. 游船码头选址（图 6-3-4）

码头一般应选择在有较好视线、开阔平展的地方。规模较大的交通游览船一般由轮渡码头统一管理；中小型的交通游览船多在湖滨陆地等处设点，以方便游客来往；小型的游览船如小舢板、水上自行车等，则是尽量设于公园一隅或尽端，以避免众多人流影响园中其他

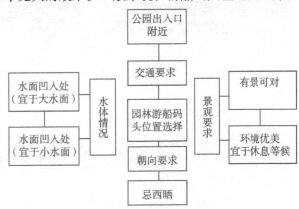

图 6-3-4　游艇码头位置选择（引自卢仁《园林建筑》）

部分的活动。游船码头应设在背风的位置，以减小风浪经常袭击船只，延长船只寿命，同时这也方便游客的使用。

（1）对于风景名胜区而言水面一般较大，水路也成为主要交通观景线，一般规划 3～4 个游船码头（数量可根据风景区的大小和类型进行灵活确定），选点时一般在主要风景点附近，便于游人通过水路到达景点，码头布点和水路路线应充分展示水中和两岸的景观，同时码头各点之间应有一定的间距，一般控制在 1km 为宜，同时和其他各景点应有便捷的联系，选择风浪较平静处，不能迎向主要风向，以便减少风浪对码头的冲刷和船只靠岸的方便。

（2）对于城市公园而言水面一般较小，一般依水面的大小设计 1～2 个游船码头，注意选择水面较宽阔处，为防止游人走回头路，多靠近一个入口，并且应有较深远的视景线，视野开阔、有景可观，同时注意该点的选择在便于观景的同时也应该是一个好的景点。如北京陶然亭公园（图 6-3-5），码头南侧是宽阔的水面，附近有双亭廊等景点，西北向做地形的处理，面水背山形成良好的小气候，视景线深远，中央岛、云绘楼、花架、陶然亭、接待室等均可作为借对景，并且和东大门和北大门均有便捷的联系。

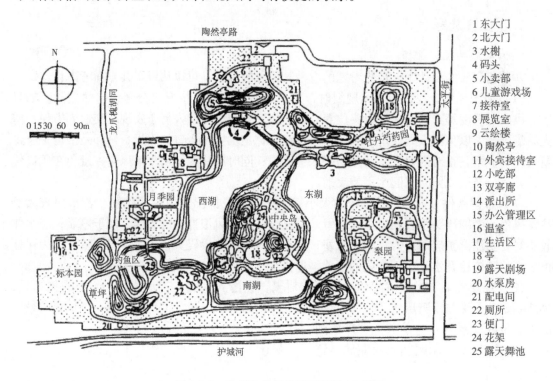

图 6-3-5　北京陶然亭公园平面图：4 码头

三、组成（图 6-3-6）

游船码头可供游人休息、纳凉、赏景和点缀园林环境。根据园林的规模确定码头的大小，一般大、中型码头由三部分组成，交通空间、管理空间、辅助空间。

1. 交通空间

（1）水上平台。水上平台是供游人上船、登岸的地方，是码头的主要组成，其长宽要根据码头规模和停船数量而定。台面高出水面的标高主要看船只大小、上下方便以及不受一般水浪淹没为准。

（2）蹬道台阶。是为平台与不同标高的陆路联系而设的，室外台阶坡度要小，其高度和宽度与园林中的台阶相同。

（3）候船码头。是游客候船的场所，又可为游人提供休息和赏景的需要，同时还可丰富游船码头的造型，点缀水面的景色。

2. 管理空间

（1）售票室。主要出售游船票据，还可兼回船计时、退押金或收发船桨等。

（2）检票口。检票口在大中型游船码头上，若游客较多，可按号的顺序经检票口进入码头平台进行划船，有时可做回收、存放船桨之处。

（3）接待室。为游客提供优质服务，解决游客在旅游过程中发生的各种问题。

（4）办公管理室。安排码头日常工作的管理空间。

（5）休息室。为游客提供短暂休息的空间。

3. 辅助空间

（1）集船柱桩或简易船场。供夜间收集船只或雨天保管船只用的设施，应与游船水面有所隔离。

（2）维修储藏室。储藏各类工具的空间。

4. 室外空间

将码头各个组成部分看成一个建筑组群来对待，从整体上进行把握，可以结合游人等候设置一内庭空间，在其中布置一些能够体现建筑性格和水有关的雕塑、壁画、汀步、

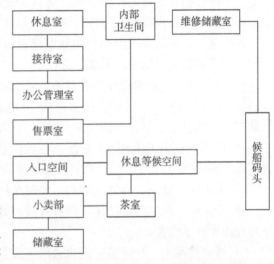

图 6-3-6 游船码头组成关系图

置石、隔断等园林建筑小品，应尽可能和水有关系以便进行点题，同时应该注意，从码头选址开始，就应注意借景、对景、观景的考虑，使码头即可观景又可成景，以便和整体环境相协调。

四、游船码头设计

1. 游船码头设计要点

游船码头的基地正处在水陆交接处。在建筑空间上要做到水陆交融，充分体现亲水建筑的特色。在建筑造型上，要轻盈、舒展、高低错落、轮廓丰富，尤其水面倒影使虚实相生，构成临水建筑景观。游船码头一般位置突出，视野开阔，既是水边各方向视线交点，又是游人赏景佳地。

（1）游船码头设计应注意的问题。

1）设计前首先要了解湖面的标高、最低和最高水位及其变化，来确定码头平台的标高，以及水位变化时的必要措施。

2）在设计时建筑形式应与园林的景观和整体形式协调一致，并形成高低错落、前后有致的景观效果，使整个园林富有层次变化。

3）平台上的人流路线应顺畅，避免拥挤，应将出入人流路线分开，以便尽快疏散人流，避免交叉干扰。

4）设计时应综合考虑湖岸线的码头，要避免设在风吹飘浮物易积的地方，否则既对船只停泊有影响，又不利于水面的清洁。

5）码头平台伸入水面，夏季易受烈日曝晒，应注意选择适宜的朝向，最好是周围有大树遮阳或采取建筑本身的遮阳措施。

6）靠船平台岸线的长度，应根据码头的规模、人流量及工作人员撑船的活动范围来确定，其长度一般不小于4m，进深不小于2～3m。

（2）功能空间设计应注意的问题。

1）售票室和检票室：一般采用大高窗，应注意朝向，避免西向，如果朝西最好前设遮阴棚，和办公室联系紧密；注意室内通风，最好有穿堂风，售票室作售票处、回船计时退压金和回收船桨用，设置面积一般控制 $10～12m^2$。

检票室在人流较多时维护公共秩序极有必要，设置面积一般控制 $6～8m^2$，有时也可以采用检票箱和活动检票室的形式，方便、灵活且节省造价。

2）办公室：位置应选择在和其他各处有便捷联系的地方，是管理部分的主要房间，设置面积一般控制在 $15～18m^2$，注意室内空间应宽敞，通风采光应较好，并应设有接待办公用的家具，如沙发、办公桌椅等。

3）休息室：职工休息用，应选择在较僻静处，并应有较好的朝向，通风采光较好，设置面积一般控制在 $10～12m^2$，并且和其他管理用房有便捷的联系。

4）管理室：播音、存放船桨和对外联系用，设置面积一般控制在 $15m^2$ 左右。

5）卫生间：职工内部使用，选择较隐蔽处，设置面积一般控制在 $5～7m^2$，并且应和其他管理用房联系紧密。

6）维修储藏间：尽可能靠近水边的码头，上下水较容易。

7）休息等候空间：亭、廊、榭等园林游息建筑的组合，根据任务书的要求，决定其组成和规模，主要创设一个休息停留的空间，有时可以创设一个内庭空间，结合水池、假山石、汀步进行布置，既做划船人候船用，也为一般游人观赏景物休息用，常是亭、花架、廊、榭等游赏型建筑组合成景。

8）茶室、小卖部：有时码头规模较大，较复杂，可结合茶室、小卖部布置，一方面丰富游客活动的内容，另一方面也可增加经济效益，是"以园养园"的良好形式。

9）码头区：候船的露台，供上下船用，应有足够的面积，面积根据停船的大小、多少而定，一般高出常水位 30～50cm，并且应紧贴水面，有亲水感。

（3）平面布局时应注意的问题，如图 6-3-7 所示。整个码头应视为一个建筑整体，布局

图 6-3-7 北京紫竹院公园游船码头平面及剖面图

合理，管理用房联系紧密，办公管理区应和游人休息区有方便的联系，以便管理；管理区尽可能集中，避免工作人员的交通路线和游人活动路线的交叉。平面组合时，在满足面积要求的前提下，运用构成的有关知识进行组合和划分空间，但应有一定的设计母体，做到既统一又有变化，并尽可能靠近一个合适的比例，如黄金矩形、方根矩形、柯.勒布西埃模数体系

等比例关系，并且各种形体组合时应首先在满足功能的前提下，形体之间又有一定的几何关系，如方和圆的组合，做到设计富有理性和秩序性，并应注意平面的开合收放变化，有一定的对比关系。

2. 建筑处理

（1）立面造型。码头在园中的位置往往十分显要，在整个水面中十分突出，有时甚至统帅整个水面。常与亭、廊、榭等园林建筑组合设景。码头既可得景，又可成景，对于湖岸处的景观起着十分重要的作用，特别是水面开阔时，整个码头都展现在一段很长的湖岸边，因此它的体量、形象甚为重要，必须精心推敲。好的码头设计可以为整个水面乃至全园起到画龙点睛的作用。

立面造型应较丰富，对于码头来讲本身要成景，应有一定的风景建筑的特点，造型丰富，有虚实对比关系，并注意运用块材构成的有关知识进行形体的加减、组合，使形体丰富，各空间的室内地坪应有变化，如某水位和池岸的高差较大，可做上下层的处理（从池岸观是一层，从水面观是二层）和设置台阶式，建筑低临水面，有一定的亲水感，屋顶变化也较丰富，平、坡屋顶均可，二者组合有立面上的对比关系，使立面更加丰富，平屋顶的水平线条和水的线条相调和，了解水位的标高，最高、最低水位，以确定码头平台的标高。广州烈士陵园公园码头，靠船平台和游廊组合，靠船平台和陆地分开，避免干扰；北京玉渊潭公园游船码头（图6-3-8），竖向设计有特色，休息等候和靠船平台分层，立面造型新颖丰富，平面布局过于简单，但屋顶风格统一。

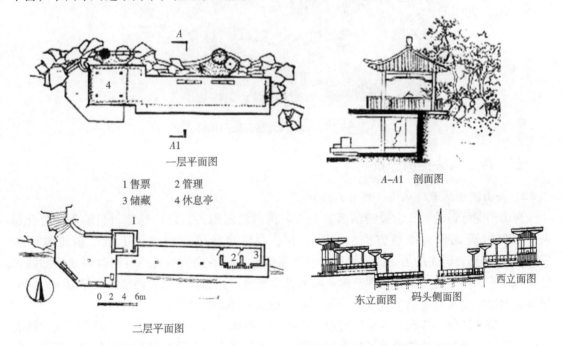

图6-3-8　北京玉渊潭公园游船码头立面造型

福建武夷山星村筏船码头：集码头、接待、小型旅馆为一体，造型采用民居的形式，具有内庭空间，为二层建筑；北京某公园游船码头（图6-3-9），结合高差进行分层布置，功能齐全完备，造型有新意，风格现代统一。

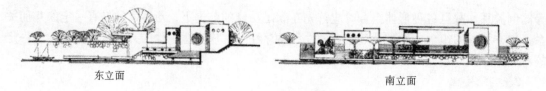

东立面　　　　　　　　　　　　　　　南立面

图 6-3-9　北京某公园游船码头立面造型

（2）风格塑造。既要和整体环境的建筑风格相协调（图 6-3-10），又要有码头建筑的性格，飘逸、富有动感，如屋顶做成帆形、折板顶或圆穹顶等，以便和水的性格相符，如沈阳南湖公园游船码头不系舟的设计，造型犹如一个即将启航的华丽游艇停泊在碧绿的湖岸，迎接广大游客的到来，同时对于建筑风格来讲可以是现代的也可以是仿古的、可以是东方的也可以是欧式的，并富有当地建筑的民族风格。

图 6-3-10　黄金海岸游船码头风格

五、游船码头实例分析

1. 唐山湾国际游轮码头（图 6-3-11）

唐山湾国际游轮码头，关键的因素是要将国际轮船码头的设计趋势与当地条件结合起来。AECOM 公司作为交通方面的顾问公司，决定建造可容纳世界上最大游轮的码头（360m），并且在码头的另一边设置灵活的停靠站点。两条狭长的码头可同时停放两艘国内游轮和一艘国际游轮。码头与现有的一座防波堤平行，让船只可以方便地出入停泊点。码头建筑有两层，既可以登船又可以让乘客下船，减少了等待的时间。

为了节能环保，实现可持续性发展，码头建筑搭建了绿色屋顶，减少了雨水流失和热岛效应，并为当地的动植物提供了栖息的空间。此外这里还有开放地带和湿地公园，安装了节水装置、高效 LED 照明设备。朝南的立面安装了玻璃幕墙系统，减少了太阳光直射带来的热量。

北边是一座主要的入口广场，设置了长凳和帆布棚，乘客可在此等候船只。码头两边的花园提供了休息、野餐和向亲朋告别的空间。公众可利用建筑外部的玻璃扶梯上到玻璃屋顶。通过玻璃幕墙和绿色屋顶都可以一览唐山湾的景色。

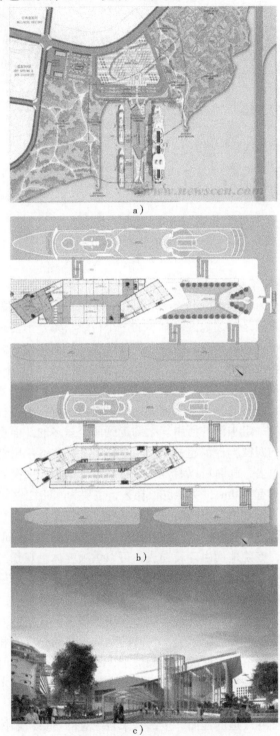

图 6-3-11　唐山国际游轮码头

a）唐山湾国际游轮码头总平面图　b）唐山湾国际游轮码头平面图

c）唐山湾国际游轮码头透视图

d)

图6-3-11 唐山国际游轮码头（续）

d）唐山湾国际游轮码头鸟瞰图

2. 雅鲁藏布江小码头（图6-3-12）

雅鲁藏布江小码头由standardarchitecture设计，码头位于西藏雅鲁藏布大峡谷南迦巴瓦雪山脚下的派镇附近，派镇是林芝地区米林县的一个村级小镇，不仅是雅鲁藏布大峡谷的入口，还因为是通往全国唯一不通公路的墨脱县的陆路转运站而早就成为终极徒步旅行者的胜地。自从大峡谷被认定为世界第一大峡谷，中国国家地理杂志将其中海拔7782m的南迦巴瓦雪山选为"中国最美的山峰"之首，这里逐渐也成为普通徒步旅行者的目的地。

设计是从地段的选择开始的，从派镇出发沿岸一路向下游方向寻找合适的位置，位置需要一块水流不太急同时有一定水深的河岸。大约走到两公里多的江面拐弯处，一眼选中这个位置，这里有形态特别的四棵胸径都超过1m的大杨树，旁边还有几块巨大的岩石，站在岩石上顺着江流的方向看过去，随时可以看到峡谷背后高耸的加拉白垒和南迦巴瓦雪山。

码头的规模很小，只有430m^2，功能也很朴素，主要为水路往返的旅行者提供基本的休息、候船、卫生间及恶劣天气情况下临时过夜等功能。建筑是江边复杂地形的一部分，一条连续曲折的坡道，从江面开始沿岸向上，在几棵树之间曲折缠绕，坡道与两棵大树一起，围合成面向江面的小庭院，庭院地面由碎石铺成，可以供乘客休息观景。由庭院再向上，坡道先穿过上层坡道形成的一个挑空过道，经两次左转悬空越过自身，然后再次右转，并在高处从两棵大树之间穿出悬挑到江面上，成为一个飘在江面上的观景台。

码头的室内空间分为两块，一块是候船厅，一块是售票室和守候人员临时卧室，分别利用地形和坡势，隐藏在坡道的下面。候船厅面对的是低一点的小庭院和两棵大杨树，厅内有供休息喝茶的条桌条凳和冬季烧火取暖的石头炉子，尽端是两个卫生间。售票室和临时卧室位于最高标高的坡道下面，是部分悬挑的空间，卧室外有木平台，从木平台上看出去有很好的视野，可以观察江面的船只情况和远处的加拉白垒雪山。

建筑的材料，从墙面到坡道的地面，全部是来自附近的石头，墙体的砌筑全部由当地工匠采用他们熟悉的方式完成，室外和室内都统一采用粗糙的石墙；门窗和室内的顶棚、地面自然是用当地松木用当地的方式在现场加工的。

图 6-3-12 雅鲁藏布江小码头
a）雅鲁藏布江小码头建筑外形 b）雅鲁藏布江小码头位置
c）雅鲁藏布江小码头观景平台

图 6-3-12　雅鲁藏布江小码头（续）

d）雅鲁藏布江小码头售票室和守候人员临时卧室

e）雅鲁藏布江小码头室内天然的石材与木材　f）雅鲁藏布江小码头平面图

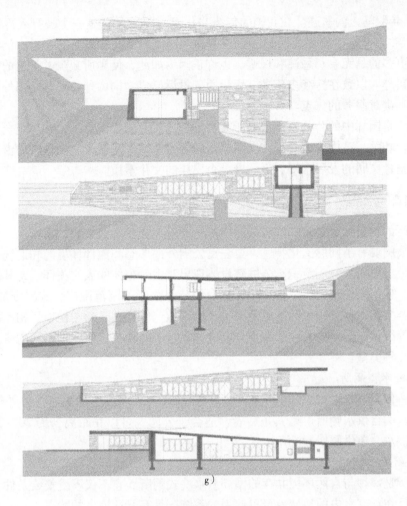

g)

图 6-3-12　雅鲁藏布江小码头（续）

g）雅鲁藏布江小码头立面图

任务四　公园厕所设计

（任务描述）

（1）会公园厕所的平面设计，绘制平面图。

（2）会公园厕所的造型设计，绘制立面图。

（3）会公园厕所的剖面设计，绘制剖面图。

（4）能够对厕所进行色彩设计，绘制公园厕所透视图。

（5）会进行设计说明的编写以及汇报文件 PPT 的制作。

（知识链接）

厕所是人类文明的产物，其历史相当久远。据记载，目前发现的人类最早的厕所设施是公元前 1700 年罗马人的遗迹。在我国的传统文化里，厕所可算是一个被打入冷宫的文化概念，难登大雅之堂，"唯厕是臭"已经根深蒂固。即使到了科学昌明的今天，仍有很多人对厕所的态度更多的是无奈、忌讳和规避。也许正因为如此，使厕所缺少了普遍的大众关怀与深层探究的兴趣。以致在持续多年来，厕所服务投诉已成为国内外，尤其是国外游客投诉的重点，也是不满意服务的焦点。

公园厕所是园林中的公共厕所。厕所文明是现代文明的组成之一，它与健全良好的城市生活环境密切相关，已成为国际都市文明崭新的探索领域，是城市文明形象的窗口，体现着物质文明和精神文明的发展水平，显示着一个民族的文化素质。

一、功能与类型

公园厕所的主要功能是为那些在公园中游览的游人提供解决如厕的需求。

不同的公厕要有不同的文化特色，要注重公厕外部形态和内部环境的和谐统一。体现人道主义精神，又能树立经济意识，公厕建设体现出对生命个体的人文关怀，尤其是特殊人群如低幼高龄、残疾人士使用，尽量采用无障碍设计。由于公园范围广，旅游资源类型多样，游览项目种类多，人群集中分散未定及不一，游览性、体验性、参与性项目相互混杂，环境自净能力强等因素，公园公共厕所在设计上应体现自身的特色。应区别不同的情况，大致可以分为以下几种类型：

1. 普通冲水型厕所

该型厕所依据供水形式可以分为两种。一种依靠自来水供水的厕所，另外依靠收集雨水、坡面集水的自供水厕所。尤其是后者，适合于公园，可以在距离公厕 20～30m 的山坡设计蓄水池供水，单供厕所冲洗用水。

2. 生态厕所

生态厕所是一种与自然环境共存的循环型水洗式厕所。它不仅不受安装条件和地域环境的限制，而且在没有水电的地域也可以使用的系统，具有舒适卫生的特点。

3. 活动式公厕

活动式公厕作为旅游旺季固定式公厕的补充必不可少。

4. 改进节水环保型厕所

适合开展农村生态旅游的景点或景区，在农户自有厕所基础上改造。节水型环保厕所是在原有的家庭抽水马桶的基础上改造成的，使废水得到了再次利用，极大地节约了用水。

二、位置选择

园林公厕位置选择以不影响主景点的游览观光效果，不影响自然与人文景观的整体性，对环境不造成污染为原则。园林公厕位置选择，如图 6-4-1 所示，具体有以下几点。

（1）园林公共厕所视具体的游客人群流向与分布规模以及行为习惯，确定具体位置。

园林公共厕所应布置在园林的主次要入口附近，并且均匀分布于全园各区，彼此间距 200～500m，服务半径不超过 500m，一般而言，应位于游客服务中心地区、风景区大门附近地区、活动较集中的场所。停车场、各展示场旁等场所的厕所，可采用较现代化的形式；位于内部地区或野地的厕所，可采用较原始的意象形式来配合。

（2）选址上应避免设在主要风景线或轴线、对景处等位置，以不影响主景点的游览观光效果，不影响自然与人文景观的整体性，对环境不造成污染为原则。位置不可突出，离主要游览路线要有一定距离，并设置路标以小路连接。要巧借周围的自然景物，如石、树木、花草、竹林或攀缘植物，进行掩蔽和遮挡。

（3）尤其要注意常年风向，以及小地形对气流方向影响。线路上的公共厕所要醒目，距游道20～30m为宜。

（4）民族村的公厕选址要尊重民族习惯，无论在什么地方布置营建的公厕不得污染任何用水源。

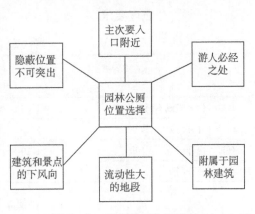

图 6-4-1　园林公厕位置选择

三、组成

一般设施包括大便器、小便器、蹲位隔板、洗手盆、镜子、照明等。

根据等级还可增设吊扇、排气扇、休息室、衣架、工具室、管理间等。

最高级的公厕甚至具有更衣室、物品寄存处、停车处等。

四、公园厕所设计

1. 设计要点

（1）需要注意的问题。面积大于10hm²的公园，应按游人容量的2%设置厕所蹲位（包括小便斗位数），小于10hm²者按游人容量的1.5%设置；男女蹲位比例为1～1.5:1；厕所的服务半径不宜超过250m；各厕所内的蹲位数应与公园内的游人分布密度相适应；在儿童游戏场附近，应设置方便儿童使用的厕所；公园宜设方便残疾人使用的厕所。

园林公共厕所安全需要注意几个问题：一是老人、儿童用厕安全，无障碍设计非常必要。厕所与游径之间不要有台阶，地面防滑、防冻处理。二是夜晚用厕安全，夜晚照明和毒虫防治措施。三是隐私安全。四是用厕时个人财物安全，公厕里面应该设计暂时存放财物的平台、挂钩等。

（2）设计标准。

公共厕所等级标准

项目 \ 级别	高级	一级	二级	三级
大便器	蹲、坐式	蹲、坐式及通槽式	通槽式、个别坐式	通槽式、个别坐式
小便器	单独式	通槽式	通槽式	通槽式
大便蹲（座）位隔板	木板、人造大理石	水磨石	水磨石	水磨石
隔板高度/m	2.00	0.90～1.50	0.90	0.90
室内净高/m	3.60～4.00	3.40～3.60	3.40～3.60	3.20～3.60
室外墙面	面砖	部分面砖或水刷石	水泥砂浆	水泥砂浆
室内墙裙	瓷砖	瓷砖或水磨石	水磨石	水泥砂浆
墙裙高度/m	不小于1.80	不小于1.50	不小于1.50	不小于1.50

（3）蹲立位宽度要求。

蹲（座）位走道最小宽度 （单位：m）

型式 走道长度	≤3.00	≤6.00	≥6.00
单排（内开门或不设门）	1.00	1.10	1.20
单排（外开门）	1.20	1.30	1.40
双排（内开门或不设门）	1.10	1.20	1.30
双排（外开门）	1.40	1.50	1.60

小便立位走道最小宽度 （单位：m）

型式 走道长度	≤3.00	≤6.00	≥6.00
单排	1.20	1.30	1.40
双排	1.30	1.40	1.50

2. 建筑处理

园厕的室内净高以 3.5～4.0m 为宜，通风应优先考虑自然通风，建筑的朝向应尽量使厕所的纵轴垂直于夏季主导风向，门窗构造应尽量满足通风要求，建筑四周应植树种花，美化建筑的同时变美化环境。

在外形与色彩设计上，为让公共厕所与自然协调，也可以采用迷彩设计，但这种公共厕所虽然形状色彩与自然协调一致，但是游人难找到。

打破传统公共厕所统一的"火柴盒"式外形和古板单一的颜色，将古典艺术、园林风景和现代建筑风格巧妙地融进公共厕所的建设中，做到"一厕一景""一景一厕"，让公共厕所成为一道亮丽的公园景观，如图 6-4-2 所示。

图 6-4-2　唐岛湾南岸公园"绿道"公厕，色彩突出又不影响环境

五、无障碍厕所

1. 无障碍厕所的空间使用要求

供残疾人使用的公共厕所要易于寻找和接近，有无障碍标志作为引导。入口的坡道设计应便于轮椅出入，坡度不应大于 1/12，坡道宽度为 1.20m。无障碍厕所入口的有效通行净宽度不应小于 0.90m，厕所内通道的净宽度不应小于 1.5m，厕所间内应有 1500mm × 1500mm 面积的轮椅回转空间。

2. 内部设施

为了方便各种残疾人使用方便，在男厕所内应设残疾人使用的低位小便器，小便器下口的高度不应超过 0.50m，在小便器的两侧和上方安装高 1.20m 和宽 0.60m 的安全抓杆。

3. 公用厕所残疾人厕位

男女厕所的隔间应设残疾人使用的厕位，厕位面积应不小于 2.00m × 1.00m 或 1.60m × 1.40m。

隔间的门扇应向外开启，门扇开启后通行的净宽度不应小于 0.80m，在门扇内侧设关门把手。通风应优先考虑自然通风，建筑的朝向应尽量使厕所的纵轴垂直于夏季主导风向，门窗构造应尽量满足通风要求，建筑四周应植树种花，美化建筑的同时变美化环境。

开门执手应采用横执把手，门锁应安装在门内外均可使用的门插销。

隔间内设高 0.45m 的坐便器，在坐便器两侧设高 0.7m 的水平抓杆和高 1.45m 的垂直抓杆。

抓杆的直径为 32 ~ 40mm，内侧距墙面 40mm，抓杆要安装坚固，应能承受身体的重量。

隔间内的地面应平整，没有高低差。在隔间内应设高 1.20m 的挂衣钩。

4. 残疾人专用厕所使用要求（图 6-4-3）

在公用厕所旁或在适当位置宜设残疾人专用的厕所。设专用厕所后可取代在公用厕所的残疾人厕位。

专用厕所采用平开门时，门扇应向外开启，门扇开启后通行净宽度不应小于 0.80m，开门执手应采用横执把手，门锁应安装在门内外均可使用的门插销，在门扇内侧设关门拉手。

厕位的面积不应小于 2.00m × 1.60m 或 1.80m × 1.80m。

厕所内设高 0.45m 的坐便器，在坐便器两侧设高 0.70m 的水平抓杆，在靠墙壁的一侧设高 1.45m 的垂直抓杆。

厕所内应设高 0.60m 的放物架和高 1.20m 的挂衣钩。沿洗手盆的三面设抓杆，洗手盆高 0.80m，抓杆高 0.85m，相互间距均为 50mm。洗手盆的前方要留有 1.10m × 0.80m 轮椅的使用面积。

抓杆直径为 32 ~ 40mm，内侧距墙面 40mm，抓杆要安装坚固，应能承受身体的重量。

图 6-4-3 无障碍厕所内部设施

厕所的地面应平整，不光滑，不积水，没有高低差，应采用遇水也不滑的地面材料。

专用厕所必须设置应急呼叫按钮。

六、公园厕所设计实例分析

美国德州鸟夫人湖步道卫生间，如图 6-4-4 所示。

这是由 Miro Rivera Architects 设计的美国德州鸟夫人湖步道卫生间。The Lady Bird Lake（鸟夫人湖）一处线性的公园，风景优美，环境宜人，该公园位于奥斯汀市中心科罗拉多河岸。这里拥有自行车道和远足步道深受运动员和自行车手的喜爱，也是当地居民和游客们享受自然风光的好去处。

该项目正是这座公园中的无障碍卫生间，在设计初期，它被假想为一个雕塑性的设施，坐落于公园小径旁边。卫生间由 49 块 2cm 厚的钢板围成，这些钢板从 30cm 到 50cm 宽，

60cm 到 4m 高。利用巧妙的设计,控制了光线的照射和新鲜空气的流通。该卫生间内部还包括坐便器、小便池、洗手台和长凳,内部设施皆由重型不锈钢管道组成,该卫生间也无需人工照明、机械通气,耐蚀的钢材也能够抵御随着时间的腐蚀;外部设有饮水机、浴室。由于建造材料非常简单,因此该卫生间仅需要最低限度的维护。

图 6-4-4　美国德州鸟夫人湖步道卫生间
a) 整体外观　b) 内部设置　c) 立面与平面布局

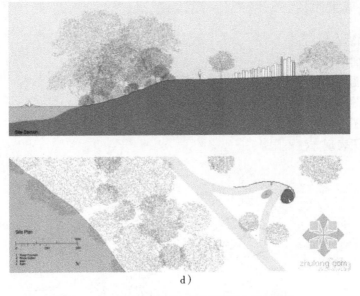

d）

图 6-4-4　美国德州鸟夫人湖步道卫生间（续）

d）外环境与总平面图

【设计案例】

【案例6-1】 南京玄武湖公园茶室设计（引自黎志涛编著《快速建筑设计100例》）

设计任务书

南京玄武湖公园为了增加园内景点，并周到地为游客服务，拟建公园茶室一座。该地段东临湖面，东北远处为紫金山，景观甚佳。地段西侧为游客主要人流方向，地段西侧缓坡台上有一游廊。基地内有一棵古树需保留。总建筑面积不超过 $500m^2$。

一、设计内容

（1）茶室 $90m^2$（另设电烧开水间 $6m^2$）。

（2）冷餐饮 $60m^2$（另设工作间 $6m^2$）。

（3）小吃部 $60m^2$（另设准备间 $6m^2$）。

（4）管理室 $15m^2$。

（5）食品、饮料库 $30m^2$。

（6）内部厕所（男女蹲位各 1 个）。

注：该地段附近有公厕，可不设游客厕所，但各使用空间内需设洗手池 1 个。

二、设计要求

（1）紧密结合用地地形与临水条件，使茶室成为环境中的有机组成部分。

（2）平面功能合理，各游客使用用房需有好的景色。

（3）造型轻盈，尺度适宜，富有公园景点建筑特色。

三、图纸要求

（1）A2 图纸。

（2）总平面图 1:500。

（3）平面图 1:200。

（4）立面图（2 张）1:200。

（5）剖面图 1:200。

（6）透视图表现方法不限。

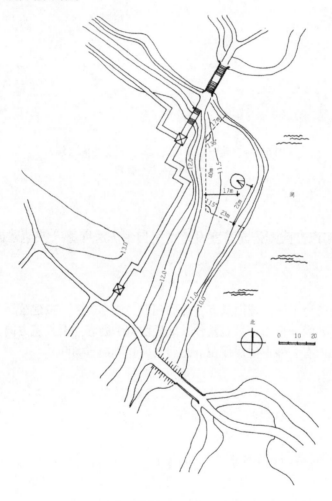

公园茶室基地地形图

方案一

作者：丘文喆

评析： 总平面布局与湖岸走势及道路关系较好，建筑贴近湖面，亲水性较好。平面功能组合自由，分区合理。围合小院环境气氛较好。茶室、冷饮厅、小吃部都与露天平台关系紧密。造型尺度把握得较好。

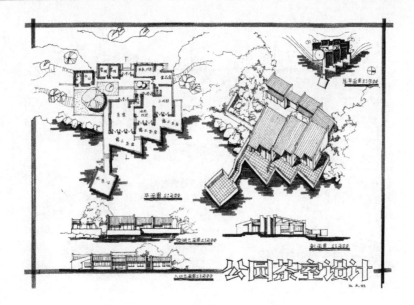

方案二

作者：陈曦

评析：总平面布局与湖面结合紧密，体量组合化整为零，并形成曲尺形变化，使尺度不感突兀，与自然环境能融为一体。平面主要功能布局合理；但管理区较分散，且小吃部无辅助用房。南侧室外茶室与水面结合得不好。造型富有韵律感。

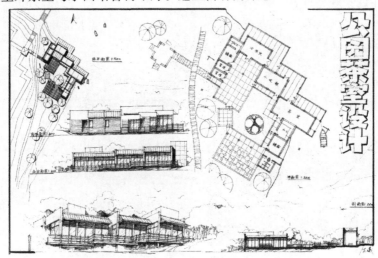

方案三

作者：孟媛

评析：总平面布局的方位感能迎向最佳景观方向，但与湖面结合得不够紧密，建筑的亲水性未能体现。平面功能布局尚可，两部分的功能联系稍感不足。二层部分的楼梯若能拉出置于靠近入口处，既可与楼下功能的流线不相混，又可使楼梯成为建筑造型的手段。各主要房间中的柱太多，可取消，会显得开敞些。建筑造型似乎尺度大了些，可尽量不要做两层。

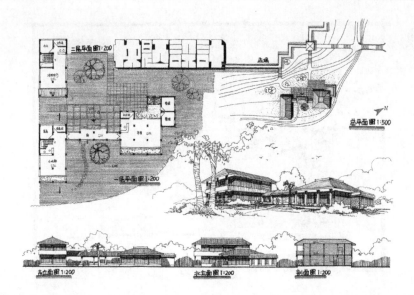

方案四

作者： 黎志涛

评析： 抽取湖中荷叶圆形作为平面母题，自由布局各使用房间，结合环廊、圆形亲水平台，共同暗示与"水"的内在联系。

三个圆形游客使用房间各以独立伞柱围合，共同创造出公园建筑小品的轻盈、活泼造型，成为公园中的景观亮点。

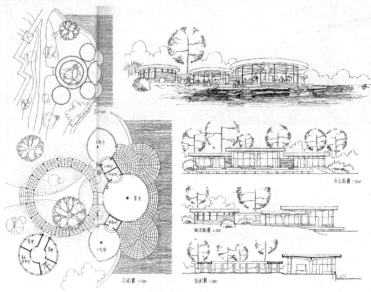

【案例6-2】办公区接待中心设计（引自黎志涛编著《快速建筑设计100例》）

设计任务书

江南某经济实力雄厚的地方企业，为了方便来往的客户住宿与洽谈业务，拟在企业园区附近建一座接待中心。该地段处于小街巷房，南面临街，东西两侧为商业用房，北面为住宅。在用地东南角有一棵古树需保留。

一、设计内容

（1）门厅 150m^2（包括服务台、休息会客厅、小卖部）。
（2）内业办公及管理用房 4×15m^2。
（3）客房 340m^2，12 间，双床间，每间带标准卫生间。
（4）餐厅 120m^2，内含 2 间小包间，15m^2/间，可兼顾对外营业。
（5）厨房 50m^2。
（6）会议室 60m^2（供客人使用）。
（7）计算机工作室 15m^2（供客人使用）。

二、设计要求

（1）平面功能合理，能够尽量满足接待中心的功能要求。
（2）结合周围环境，合理利用现地条件。
（3）造型美观，尺度合宜。

三、图纸要求

（1）总平面图 1:500。
（2）平面图 1:200。
（3）立面图（2 张）1:200。
（4）剖面图 1:200。
（5）透视图表现方法不拘。
（6）A2 图纸。

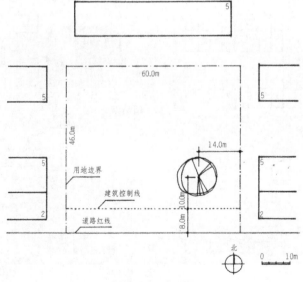

接待中心地形图

187

方案一

作者：黎志涛

*评析：*根据用地条件，合理确定"图底"关系。有效地组织保留古树，使其成为室外环境的主角。根据功能分区原则，合理布局使用房间，满足各自的使用要求。

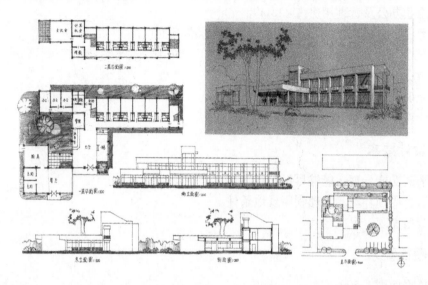

方案二

作者：孟媛

*评析：*总平面布局充分考虑场地东南角保留的古树，组合在入口广场内成为景观。各体量围合内院有利于创造优美的环境，并有利于通风采光。平面功能分区合理，但厨房入口对道路，过于暴露。造型体量适合并有机组合，但缺少立面细部。

【案例6-3】金陵公园游船码头设计（引自黎志涛编著《快速建筑设计100例》）

设计任务书

金陵公园游船码头已年久失修，现决定重建。

一、设计内容

（1）售票处 $10m^2$。

（2）办公室 $4 \times 10m^2$。

（3）船具室 $10m^2$。

（4）游客休息廊 $50m^2$。

（5）小卖部 $5m^2$。

（6）建筑总面积 $120m^2$。

二、设计要求

把握建筑尺度，具有公园景观小品建筑特点。

三、图纸要求

（1）总平面图 1:500。

（2）平面图 1:100。

（3）立面图（2张）1:100。

（4）剖面图 1:100。

（5）透视图表现方法不拘。

（6）A2 图纸。

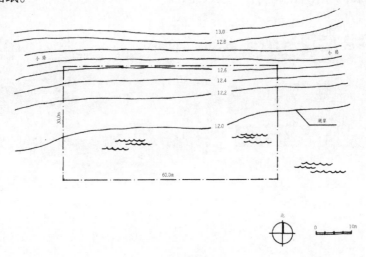

游船码头地形图

方案一

作者：黎志涛

评析：体现临水建筑小品的特点。根据功能要求进行合理的水平布局与流线组织。造型尽量舒展，并利用弧形墙面与波形休息廊顶盖。

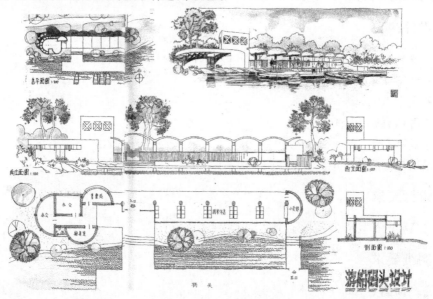

方案二

作者：孟媛

评析：平面功能简洁，游客活动区与管理用房分区合理，游客进出流线互不干扰。平面造型的构成较舒展，与水环境相吻合，亲水性好。

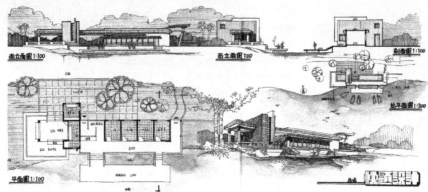

方案三

作者：李天彬

评析：平面以圆为母题，与水环境相吻合，构思新颖。主入口圆形广场构成自然，环境气氛活泼，造型设计富于联想，寓意切题。大小不等的圆形休息平台和码头伸向水面，形式感自由活泼。

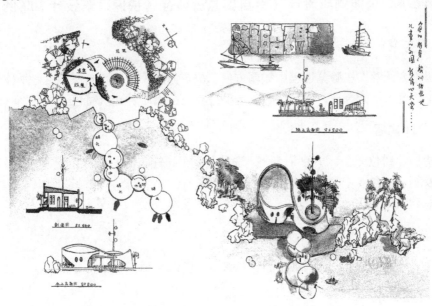

方案四

作者：陈松

评析： 该方案以方形伞为母题，组成岸上建筑和水中休息亭，通过曲廊相连，造型生动活泼，与环境特征和项目内容较吻合。售票亭与储藏室错接，组合自由，但外门较多，功能易混，影响使用。休息亭感稍大。

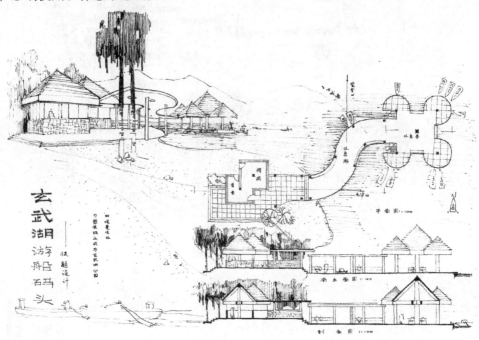

【案例6-4】公园厕所设计（引自黎志涛编著《快速建筑设计100例》）

设计任务书

某公园为方便游人在游览过程中如厕方便，决定修建小型公园厕所，更好地体现人性化与以人为本。要求功能合理，面积恰当，造型应具有公园园林建筑特色。

一、设计内容

（1）男厕：蹲位2个，小便斗4个，洗手盆2个，拖布池1个。
（2）女厕：蹲位4个，洗手盆2个，拖布池1个。
（3）总建筑面积50m²。

二、设计要求

把握建筑尺度，具有公园景观小品建筑特点，流线合理。

三、图纸要求

（1）平面图 1:100。
（2）立面图（2张）1:100。
（3）剖面图 1:100。
（4）透视图表现方法不拘。

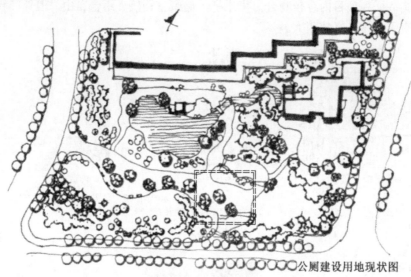

公厕建设用地现状图

公厕建设用地现状图

方案一

作者：张振辉

评析：平面功能合理，洗手与厕位分区明确。视线遮挡设计符合要求。另设残疾人厕所考虑周到，但洗手盆布置不符合要求。男女厕所入口台阶后缩造成设门困难。储藏室设置多余，且门的方位不妥。造型优美，小尺度感把握得较好。

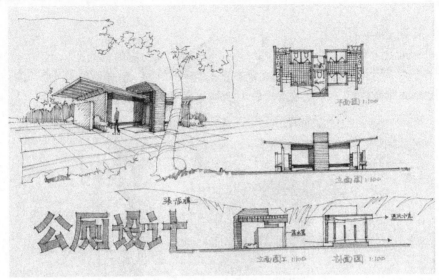

方案二

作者：王莉

评析： 平面设计以两个正方形作为母题错位相拼，功能分区尚可。只是男厕洗手区与小便斗过分接近，女厕在入口区的厕位不佳。视线遮挡设计考虑周到。平面采光面较小，不利通风。造型富有个性，小尺度感把握得较好。

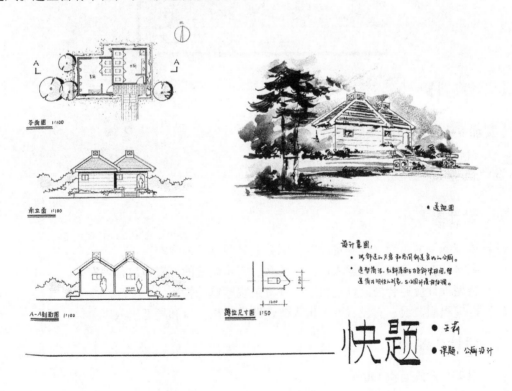

方案三

作者：刘海

评析： 平面设计简洁，洗手与厕位功能分区明确，但女厕蹲位间距稍小。男、女厕的视线遮挡设计考虑不周；若男、女厕背靠背布置，使入口处于建筑物的两端，可改正这种弊端。造型尺寸把握得较好，符合城市建筑小品的特征。没有指北针。

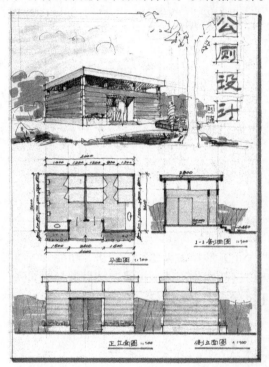

【设计实训】

【实训 6-1】承荫园茶室设计

设计任务书

一、设计要求

（1）茶室的平面布局，应满足顾客和服务人员两方面的要求。

（2）茶室及有关房间应根据人们使用活动、家具设备的设置作出合理安排。

（3）造型设计应迎合公园环境氛围，具有茶室建筑的特征。

（4）合理组织流线，宜设置两个出入口，即员工出入口和顾客出入口。

二、设计内容

（1）规模：建筑面积 130m²。

（2）面积分配：①茶室：80m²。②茶室准备室：面积自定。③储藏室 1 间：10m²。④更衣室 1 间 10m²。⑤办公室 1 间：8m²。⑥男女厕所：面积自定。

三、图纸要求

（1）总平面图 1:200，要求画出周边环境、道路及绿化配置。

（2）平面图 1:100，要求画出局部室外环境，室内桌椅、柜台、陈列架等主要家具设备。

（3）立面图 1:100，不少于 2 张。要求用线条的粗细表现出立面的效果。

（4）剖面图 1:100，不少于 1 张。

（5）透视图 1 张。

（6）图纸尺寸 A2。

（7）附 100 字左右简要说明。

（8）表现方法：水彩渲染、马克笔、彩色铅笔均可（单色渲染也行）。

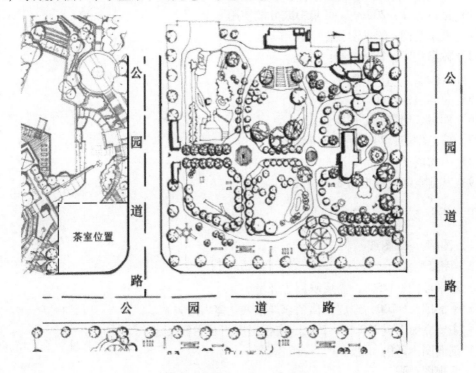

承荫园内茶室位置及周围环境

【实训 6-2】森林公园游客接待中心设计

设计任务书

一、项目概况

该森林公园位于小兴安岭山脉，游客中心位于一海拔约 460m 支脉山脚下，负责游客接待、中转等事宜。

二、设计要求

尊重场地条件和气候、景观条件，掌握山地建筑设计要点。要为滞留在场地的游客创造良好的室内外活动环境，注意处理好功能分区、动静关系、流线关系，组织室外空间形态，充分利用场地高差、环境及景观视线，建筑造型要求与环境相协调，反应景区特点，吸引游客进入。注意设计适当的室外休息、活动、观景空间。

（1）规模：建筑面积 800m^2，层数不超过两层，上、下层面积差不超过 10%。

（2）办公管理用房不低于 3m。

（3）公共活动空间不低于 4.5m。

（4）结构为框架结构或钢结构。

三、设计内容

（1）接待大厅：200m^2（可集中或分散使用）。

（2）展示空间：面积自定。

（3）休息空间：150m^2。

（4）办公室 1 间：60m^2。

（5）急救室：30m^2。

（6）库房、储藏室：面积自定。

（7）信息中心：70m^2。

（8）男女厕所：30m^2。

（9）其他空间可根据需要自行设计。

四、设计成果

（1）图幅：A2 图纸。

（2）图纸要求：

1）总平面图：1:500，需反映周边环境。

2）平面图：1:200，地层平面要求详细表达室内外关系。

3）主要立面图 1:200，1～2 张，应标出房间及主要尺寸。

4）剖面图 1:200，1 张。

5）透视图 1 张。

6）设计说明，不超过 150 字。

（3）技术经济指标：

1）总建筑面积。

2）各主要分项建筑空间面积。

森林公园游客中心位置平面图

【实训6-3】 荆湖公园游船码头设计

设计任务书

一、基本情况

要求在黄山市荆湖公园景区水面设置一游船码头，位置自己来选择，要求能够结合当地的文化与建筑环境，形成一个完整的园林景观效果。占地面积 200m² 左右，具有等船、售票、管理等基本功能。

二、设计内容

（1）休息空间，面积自定。

（2）售票室 10m²。

（3）检票亭 5m²。

（4）候船区，面积自定。

（5）维修储藏室，面积自定。

（6）可自行设计其他功能空间。

三、图纸要求

（1）总平面图 1:500，体现出码头周围环境，特别是与小南湖景区两岸主要建筑物的关系。

（2）平面图：1:100，周围环境，各房间、码头平面布局。

（3）立面图：至少 2 张，1:100 或 1:200，主要立面和次要立面。

（4）剖面图：1:100 或 1:200，河岸、码头和水池底部的整体剖面。

（5）透视图 1 张，彩色、比例自定，能够反映出码头所有建筑及附属设施和周围环境。

（6）A2 图纸。

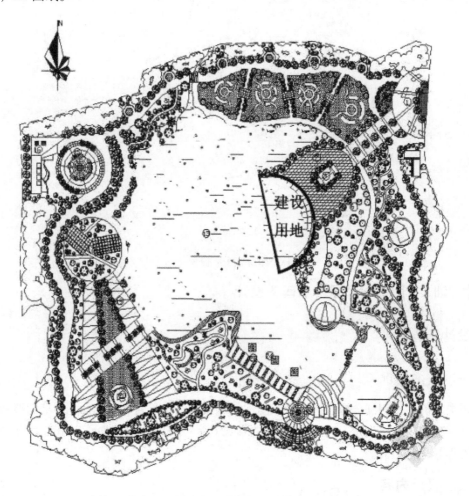

荆湖公园游船码头建设用地及周边环境

【实训 6-4】 滨江休闲景观绿化带公厕设计

江门市是一座朝气蓬勃的新兴城市，其滨江公园景观绿化带位于城市的西南角，现在景观带内拟建一座供游客使用的独立式公共厕所（一类），情况详见滨江休闲景观绿化带公厕建设位置与周边环境图。

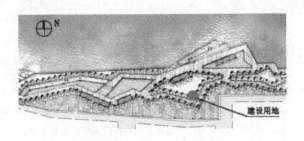

滨江休闲景观绿化带公厕建设位置与周边环境

一、设计要求

（1）学习灵活多变的小型休闲建筑的设计方法，掌握小型公建的建筑设计基本原理，在妥善解决功能问题的基础上，力求方案设计富于个性和时代感。

（2）通过公厕的设计了解公厕的基本设计原理，掌握卫生设备的正确使用与合理布局，为后续建筑设计课奠定基础。

（3）公厕设计强调立意、母题，造型与平面功能的结合，要求建筑造型丰富，平面功能合理。

二、设计内容

（1）拟建一栋总建筑面积为 70～80m² （允许上浮动不超过 20%）的公厕。

（2）房间名称及使用面积：

1）男厕：蹲位 5 个，小便器（或小便槽）4 个。女厕：蹲位 8 个。

2）洗手池不少于 6 个，男女合设亦可分设。

3）工具房：1 间，面积不小于 6m²。

4）门厅及管理用房面积自定。

5）可增加其他功能或洁具等。

三、设计成果

1. 图纸内容

（1）总平面图：比例 1:200，标示建筑物周边道路、建筑及建筑用地内庭院设计（包括建筑出入口、铺装、树木、草地等）、层数、指北针、图名、比例尺。

（2）平面图：比例 1:100（或 1:50），绘出家具布置，房间名称等，应绘出指北针、建筑周边铺装、入口、小路，树木、草地等。

（3）立面图 2 张：比例 1:100（或 1:50），要有主立面图。

（4）剖面图 1 张：比例 1:100（或 1:50）。

（5）建筑效果图。

（6）设计说明：建筑的性质、用途及设计意图和依据、建筑面积等。

2. 图纸要求

（1）图幅规格：A1（594mm×841mm）。

（2）图面表现：墨线 + 淡彩表现。

【学习评价】

服务性园林设计评价方法与评分表见下表。

服务性园林设计评价方法与评分表

项目	分值	评价标准	得分
总体布局	10	（1）正确处理建筑与特定条件的结合与避让，同周边道路条件、自然环境、历史文化环境与建筑物形成良好、和谐的对话关系，总体空间处理及序列组织有序 （2）对用地内设置限定条件的考虑 （3）场地内部道路安排与交通组织合理	
功能分区	25	（1）功能分区明确，合理安排各种内容不同的区划（如内外、动静、私密与开放等） （2）平面和竖向功能分区合理 （3）良好的建筑物理环境（通风、采光、朝向等）	
建筑空间及交通流线组织	20	（1）建筑物主要出入口的位置选择合理 （2）门厅位置、功能及交通组织 （3）各股人流、物流组织清晰，流线通顺简洁且互不干扰交叉 （4）空间形成序列感与层次性	
建筑造型	15	（1）整体造型新颖，符合公厕建筑的特点 （2）立面设计错落有致 （3）造型手法丰富	
结构选型	10	（1）结构类型选择得当，结构体系经济适用 （2）轴线尺寸经济合理，开间、进深同时满足功能要求	
图纸内容表述	20	（1）图面内容逻辑清晰，容易读图 （2）图底分明，线型明确，图纸内容主次有别 （3）构图匀称，主题突出 （4）绘制清晰，图面明快 （5）用色得体，和谐统一	
合计	100	合计	

项目七 园区附属建筑设计

项目分析

  园区附属建筑是园林建筑当中提供辅助服务的园林要素，包括入口大门、门卫室、售票亭、物业管理、垃圾收集站等公共建筑。通过园区附属建筑的方案设计，进一步掌握该类建筑设计的基本方法及构想。掌握园区附属建筑设计的特点，结合具体的建筑功能对造型或隐蔽性等方面进行考虑。加强对尺度、比例、建筑功能及建筑空间的认识。学会用墨线淡彩、马克笔绘制建筑方案设计的效果图，进一步学习、巩固表现方法。

项目目标

  （1）了解不同园区附属建筑的功能、性质与特点，培养构思能力。

  （2）熟悉有关园区附属建筑的设计规范，掌握其设计方法与设计要点。

  （3）对建筑造型有一定的感知能力，训练学生的造型创造能力。

  （4）了解人体工程学，掌握人的行为心理，以及由此产生的对空间的各项要求。

  （5）能够独立完成公园大门设计。

  （6）能够独立完成公园售票亭设计。

【项目实施】

任务一　园林入口大门设计

任务描述

（1）会园林入口大门的平面设计，绘制平面图。

（2）会园林入口大门的造型设计，绘制立面图。

（3）会园林入口大门的剖面设计，绘制剖面图。

（4）能够对园林入口大门进行色彩设计，绘制园林入口大门透视图。

（5）会进行设计说明的编写以及汇报文件 PPT 的制作。

知识链接

园林大门是游客进入景区的第一展示点，是空间转换的过渡地带，是联系园内外的枢纽，是院内景观和空间序列的起始，需要能够反映公园特色。也是赋予游客最直观感受的第一印象区，它不仅具有防御、标识、空间组织等使用功能，而且具有文化表征、景区美化以及反映景区主题的功能。因此景区大门的设计，既要体现景区定位，还要紧扣景区主题，以景区最具特色和灵魂的资源为表现力，精心设计，增加景观和视觉的多样性，还要注意与景区建筑物及周围环境保持协调。

一、园林入口大门功能与类型

1. 园林入口大门有四种主要功能

（1）交通集散。园林大门起到组织人流和引导路线的作用。尤其是在节假日集会或院内大型活动期间，园林大门的集散、交通及安全等作用显得极为重要。

（2）门卫管理。园林大门具有一般门卫的功能，如出入登记、更换车牌、站岗、禁止小商贩的进入等；具有售票和检票的功能；为游客提供一定的服务，如小卖部、公用电话、小件寄存等。

（3）组织园林大门空间景致。园林大门空间是由喧嚣的城市到幽静的园林的一个过渡空间，因此，它起着引导、预示、对比的作用；同时也是游人游览观赏园林空间的开始，是浏览路线的起点。图 7-1-1 所示为山西晋祠博物馆的屋宇式大门，宏伟壮观，与内部古典建筑相协调。内部为规则式布局，晋祠大门处于中轴线上的起点，与浏览的第二个景点——水镜台形成对景，它属于纪念性的园林大门，是人民喜闻乐见的传统建筑大门。

（4）点缀园景，美化街景。园门具有装饰门面、点景题名、美化街景的作用，也是游人游赏园林的第一个景物，给游人留下第一个标志性的印象，更能体现园林的规模、性质与风格。

2. 园林入口大门的类型

（1）纪念性公园大门（图 7-1-2）：一般采用对称的构图手法，此类大门具有庄严、肃穆的感觉。

（2）游览性公园大门：一般采用非对称构图形式或曲线造型，以求达到轻松活泼的艺术效果。如下图 7-1-3、图 7-1-4 所示。

图 7-1-1　山西晋祠博物馆

图 7-1-2　纪念性大门

图 7-1-3　公园大门

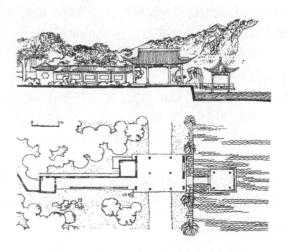

图 7-1-4　瘦西湖公园大门立面图及平面图

（3）专业性公园大门：专业性公园如能结合公园专业特性考虑则更具个性和特色如图7-1-5、图7-1-6 所示。

图 7-1-5　世界之窗大门　　　　　　　　　　图 7-1-6　专业公园大门

二、位置选择

（1）要考虑园林的总体规划布局。园区大门的位置是整个园林规划中的一项重要工作，因此，要考虑全园的总体规划，按各景区的布局、浏览路线及景点的要求来确定其位置。这就影响到园林内部的规划结构、分区和各种活动设施的布置，以及游人对园内景物的兴趣和管理等都有着密切的关系。

图 7-1-7 所示为山西晋祠博物馆的大门，原名为"景清门"，设在博物馆的东南面，与内部景点取得一致而改在东面，处在中轴线的端点，与整个园林的规划布局相协调。

（2）应考虑城市的规划。要根据城市的规划要求，与城市道路取得良好的关系，交通方便。应充分考虑人流的集散，城市交通的要求，游人是否能够方便地进入园林。尤其是主要大门，应处在或靠近城市主次干道，并要有多条公共汽车路线与站点。

（3）考虑周围环境情况。现在越来越多的人喜欢晨练，尤其是老年人和小孩，因此园林的主次要大门要可以提供多方向的便利。另外，还要考虑到附近的学校、机关、团体以及街道等。

（4）考虑物资的运输。园林内不免要进货和排出废物，因此要考虑到方便货物的运输，一般适合于次要大门进出。另外，当地的自然条件、文化背景等很多因素也影响着园林大门的选址。

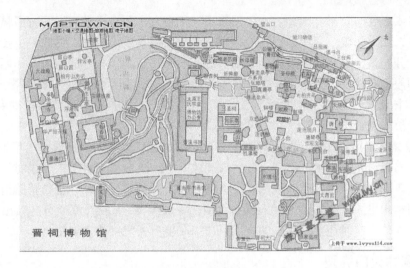

图 7-1-7　晋祠博物馆平面图

三、组成

园林入口大门是空间塑造性极强的园林附属建筑，在设计时，要结合其自身的特殊性考虑位置与空间处理手法。

园林大门可分为 3 类：

（1）园林的主要大门：主要大门只有一个，要求设备齐全，能够联系城市主要交通路线，并且成为园林主要浏览路线的起点。

图 7-1-8 所示为山西迎泽公园大门。大门主要是有人流集散地带，也是给游人第一个标志性印象的景点建筑，其位置选择主要取决于园林与城市规划的关系，应朝向市内主要广场或干道，选择在人流量最大的地方；为了更好地发挥出入口的功能，可配合集散广场、售票室、小卖部、存车处、停车场等；在入口处设置装饰性的花坛、水池、喷泉、雕塑、导游图

图 7-1-8　山西迎泽公园大门

等，达到引人入胜的效果。因此，入口建筑不在于高大，而在于精巧，富有园林特色，同时还能美化装饰城市面貌。迎泽公园正门前就有一个人流集散小广场，朝向为主要干道迎泽大街，地位十分明显，入口处也设置了装饰性的花坛等，起到了一定的标志性作用，大门内由旱地喷泉和假山石组成，采用了"欲扬先抑"的手法，达到了一定的空间效果。

（2）园林的次要大门：作为园林次要的、局部的人流出入用门，一般供附近居民区、机关单位的游人就近出入。

（3）园林专用门：作为园林管理上的需要，货物运输或供园内特殊活动场地独立开设。

大门的出入口是由大出入口和小出入口组成。小出入口供平日游人较少时使用，便于管理；大出入口主要供节假日及大型活动、人流量较大时使用，此外，也作特殊情况下的车辆通行用。园林小出入口主要供平时人流出入用，一般供 1~3 股人流通行。大出入口，除供大量游人出入外，有时还要供车辆的进出，应以车辆所需宽度为主要依据。

四、园林大门类型

1. 柱墩式大门

柱墩由古代石阙演化而来，现代公园大门广为适用。一般作对称布置，设 2~4 个柱墩，分出大小出入口，在柱墩外缘连接售票室或围墙。

2. 牌坊

是我国古代建筑很重要的一种门。在牌坊上安门扇即成牌坊门，牌坊一般有两种类型，即牌坊与牌楼。其区别是在牌坊两根冲天柱上加横梁（或额枋），在横梁上作斗拱屋檐起楼，即成牌楼。

因可用冲天柱或不用冲天柱，因此有冲天牌楼和非冲天牌楼之分，牌坊门有一、三、五间之别，三间最为常见，牌楼起楼有二层或三层的。

3. 屋宇门

是我国传统建筑形式之一。门有进深，如二架、三架、四架、五架、七架等，其平面布置是，在前面柱安双扇大门，后檐柱安四扇屏门，左右两侧有折门，平日出入由折门转入院庭，门面一般为一间，官宦人家可用三间、五间。庙宇门常作三间、五间。寺庙山门常用单檐歇山顶，周围用厚墙，前后墙上开园门洞或圆券门洞。古典园林苑囿，常用五间、七间的两层楼房，成为外观壮丽的门楼。

4. 门廊式

是由屋宇门演变而来，屋宇式门为中国传统形式，屋顶用坡屋顶木结构。随建筑结构、材料、施工技术的发展，建筑形式也随之变化。为了与公园大门开阔的面宽相协调，大门建筑形成廊式建筑，一般屋顶多为平顶、拱顶、折板，也有用悬索等新结构。门廊式造型活泼、轻巧，可用对称或不对称构图。

5. 墙门式

是我国住宅、园林中常用的门之一。常在院落隔墙上开随便小门，很灵活、简洁，也可用在园林住宅的出入口大门。在高墙上开门洞，再安上两扇屏门很素雅，门后常有半屋顶屋盖雨罩以作过渡。

6. 门楼式

二层屋宇式建筑。

7. 其他形式大门

近年来由于园林类型的增多，建筑造型随之丰富，各种形式的园林大门层出不穷，最常见的花架门也广泛运用在园林中。儿童公园则常用动物造型，各类雕塑作为大门标志；公园大门常用各种高低的墙体、柱墩、花盆、亭、花格组合成各具特色的公园大门。由于造型新颖，用材料得体，色彩明快，结构简单，很受群众欢迎。

五、园林大门空间的设计

园林大门一般由出入口及内外广场组成，起集散、缓冲等作用，是游人休息、停留的空间，因此，要具有一定空间美的效果。一般可采用各种形状的出入口广场、庭院等；或封闭或开敞空间的形式，可利用墙面的围合，树木种植，地形地貌的变化，建筑标志及建筑小品等组成具有美感的空间效果。例如山西太原龙潭公园的正门，位于太原市新建北路工程学院对面，地理位置十分优越，它采用了开敞式的空间设计，由内外小广场组成，起到了集散人流的作用，大门内部广场由一假山作障景，和龙潭湖相连，给游人一种"豁然开朗"感觉，形成了一种空间转移的变化，起到了小中见大的艺术效果。

1. 门外广场空间（图 7-1-9）

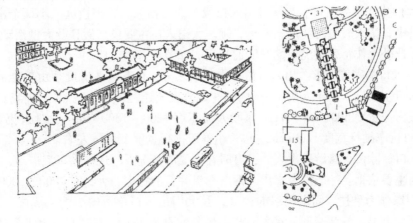

图 7-1-9　永安桃源风景区大门的景观雕塑

2. 门内序列空间（图 7-1-10）

（1）约束性空间。

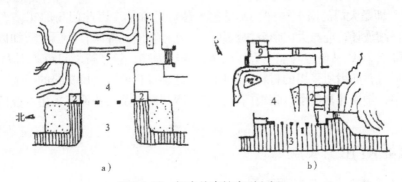

图 7-1-10　门内约束性序列空间

a）广州越秀公园　b）北京紫竹院公园

（2）开放性空间，如图7-1-11所示。

3. 园林大门的空间引导

（1）对穿行空间的强化。根据大门联系的两空间的性质（如居住区与城市之间），以及对穿行的主体、穿行的方式、穿行的程度等方面的分析，在大门前设置相应的缓冲空间和引导空间，比如像入口广场，并进行恰当的空间划分，营造动静皆宜的空间环境。

（2）对过渡空间的强化。根据大门所处的具体城市的环境，使大门前的空间具有双向围合性质。运用一些景观构筑物，如雕塑、活动花池等，营造内外空间的自然衔接。

（3）对防御空间的现代表达。现代的大门空间从过去封闭、狭窄的特征向开放、通透以及人性尺度的特质转变。如今的大门多数使用智能化门禁系统起到防御作用。

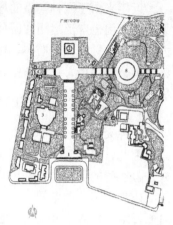

图7-1-11 门内开放性序列空间

六、园林大门出入口设计

（1）大门出入口一般可分为平日出入口及节假日出入口，即由大、小两个出入口组成。小出入口供平日游人较少时使用，便于管理。大出入口主要供节假日及大型活动时因人流量大所使用，此外也作特殊情况下的车辆通行用，如节假日出入口。

（2）出入口的宽度要求。出入口虽有大、小之分，但其具体宽度须由功能需要来确定。公园小出入口主要供人流出入用，一般供1~3股人流通行即可，有时亦供自行车、小推车出入。单股人流宽度600~650 mm；双股人流宽度1200~1300 mm；三股人流宽度1800~1900mm；自行车推行宽度1200mm左右；小推车推行宽度1200m左右。

大出入口，除供大量游人出入外，有时在必要的情况下，还需供车流进出，故应以车流所需宽度为主要依据。一般需考虑出入两股车流并行的宽度，大约需7000~8000mm宽。

（3）门墩作为悬挂、固定门扇的构件，是大门出入口不可缺少的组成之一，尤其在近代公园中更加需要。门墩造型又是大门艺术形象的重要内容，有时竟成为大门的主体形象。所以，对门墩的设计构思应充分重视，其形式、体量大小、质感等，均应与大门总体造型协调统一，其形式除常见柱墩外，可结合大门的总体环境采用多种形式，如：实墙面、高花台、花格墙、花架廊等，以丰富造型。

（4）门扇即是大门的围护构件，又是艺术装饰的细部。因此门扇的花格、图案的纹样形式，应作仔细设计，应与大门形象协调统一，互相呼应。并结合公园性质加以考虑，门扇高度一般不低于2m，从防卫功能上看，以竖向条纹为宜，且竖条之间距离不大于14cm。门扇的构造与形式，亦因所采用的材料的不同各有区别，目前以金属材料的门扇为最常见。如金属栅栏门扇，金属花格门扇，钢板门扇，铁丝网门扇以及某些地区采用木板门扇及木栅门扇等。

七、园林大门设计要点

1. 凸显主题特色，呼应内涵意境

（1）凸显主题特色是指通过提炼景区中最具特色的文化元素和文化特征，将传统与现代、外来与地域、乡土与时代进行结合，传达景区的主题意境。因此，在景区大门的设计中，应以大门衬托景区主题，起到造势的作用，通过大门风格点出该景区的主题内容，给人以与该景区"构思"相呼应的印象，如图 7-1-12、图 7-1-13 所示。

图 7-1-12　附属设施图

图 7-1-13　附属雕塑

（2）除了用大门建筑本身展现主题外，还可以用大门的附属设施来反映。

永安桃源洞景区有"世外桃源"之意，其大门的附属设施——景观雕塑反映了景区的主题。采用自然石头为素材，与桃源洞的主题呼应，两块石头的中央，下部空间像似"桃源洞口"，上部的夹缝似"一线天"，玲珑突兀的造型，衬出桃源洞的古灵精怪。

2. 展现艺术形象，创新表现形式

展现艺术形象是将形制、风格、规模、色彩同景区的性质、主题、环境相结合，使大门具备很强的观赏性且和谐统一。如图 7-1-14 所示的镜泊湖景区大门。

（1）景区大门的设计要大胆创新，采用意向性方式，提取最能代表本景区特色的文化或地域风格进行结合，实现与景区本身展示内容的相互融合。

（2）尺度的把握。景区大门的规模须根据景区的大小、承载的内涵、表达的意境所决定。图 7-1-15 所示为一个唐代建筑群景区大门的设计。唐朝是中国历史上统一时间最长，国力最强盛的朝代，为了表达出"大唐盛世"，景区大门的设计也应当具有气势。

图 7-1-14　镜泊湖景区大门

图 7-1-15　景区大门

景区大门的建筑尺度还要与大门附属设施、内外广场空间等内容协调。如果某个部分不协调，就会影响入口区的整体美观，破坏景区的景观和谐。

（3）色彩的表现。大门的色彩要以景区的主题为参考，历史文化深厚的景区要展现时代所赋予的色彩与内涵，而展现现代文明的景区要赋予更多动感而鲜艳的色彩。除建筑本身的色彩外，还要考虑周边大环境包括花、木、山、石、水景等的色彩。若大门在景区起着标志景点的作用，为突出建筑物，除选择合适的地形、方位和创造优美的建造空间形体外，所用色彩最好要与周围环境形成鲜明对比。图 7-1-16 所示为太阳峪满族民俗养生村大门设计方案。

图 7-1-16　太阳峪满族民俗养生村大门设计方案

3. 架构总体布局，统观空间全貌

架构总体布局是要考虑大门同周围环境之间的相互影响和作用，考虑道路变通、人流、车流、疏散等多方面因素，将大门建筑与周边环境融为一体。主要包括大门位置的选择、大门与周边景物空间结构的设计以及功能性建筑的安排。

八、园林出入口大门实例分析

1. 昆明世博园宇宙天门

昆明世博园以生态为主题，形成了各国展园的国际村式架构，用"宇宙天门"作为世博园入口大门，可以很好地切合现代性、景观吸引力、震撼性、内容贴切几方面的要求，如图 7-1-17 所示。

"宇宙天门"是为提升一个 4A 级景区的景观环境，专门设计的入口大门。这是一个大门式建筑，把大门入口功能、门区游客中心功能、门区出口购物功能、大门观光功能、大门的标志性景观功能融为一体，形成了建筑与大门的一体化

图 7-1-17　昆明世博园宇宙大门

创新架构。大门的进入结构，按照机场汽车入港的环道模式进行设计，整体造型为一个卫星环绕的地球，球内分为三层，分别为游客购物商城、景区导览与游客服务中心、贵宾服务中心。宇宙天门的顶部，为开放型的绿色空间。因此，该大门又被称为"生态地球村"。

2. 春秋淹城景区大门方案

春秋淹城主题公园位于江苏常州武进区，以春秋淹城遗址为文化原点，将文化用游乐设施进行包装，让游客在欢乐动感世界中体验文化传说故事。其中景区大门作为入口服务区的重要部分、景区标志以及旅游区对外的重要名片，如何使其标新立异、如何理顺与周边环境的关系，如何与整个园区的主题相符合是设计着重解决的问题。

主题特色的表现：春秋淹城文化主题旅游区是以春秋文化为品牌和依托的文化休闲型旅游目的地，其着重要展现的是春秋文化主题。因此在大门的设计中，提取了春秋文化中最具代表性的"春秋五霸"和"诸子百家"元素，并将其分列两边，中间放上从青铜器中提炼的纹样变换成的瑞兽兽头形象，并以春秋时期最具特色的青铜纹饰"饕餮纹"为表现载体，形成极具冲击力的形象并具有很强的标志性的景观大门，如图 7-1-18 所示。

图 7-1-18　春秋淹城景区大门方案

　　艺术形象的展示：大门高 26m，宽 80m，气势凸显；颜色主要以春秋青铜器的青色和代表历史底蕴的土黄色为主色调，加入春秋时期暗红色彩的特征，展现了春秋文化大气、浑厚的历史特征。

　　总体布局的考虑：设计的大门气势宏大，充分考虑了道路变通、人流、车流、疏散等多方因素。同时，在入口区的最前沿，设计了龙之翼，作为进入性的标志，并在入口大门前的中心广场用青铜铭文形成草铺，将大门建筑与周围环境融为一体。通过廊道，进入景区，左侧是生态停车场。

　　建成后，春秋淹城景区大门既成为景区大门，又成为常州市的一大地标和名片，并作为众多重大项目表演、彩排的背景和场地出租。

　　3. 西安世博园大门

　　西安世博园的大门方案，以"八水绕长安"的历史生态胜景为内涵，充分融入水的各种景观形式和文化元素，气势恢宏又活泼灵动；环绕和流动于整个大门建筑体内的水流将通过八个水池供给循环，如图 7-1-19 所示。

图 7-1-19　西安世博园大门

4. 景迈芒景旅游区大门

大门的设计应当传神地反映出该景区最核心的旅游价值,将其作为形象展示的窗口。从

具有地域特点的民俗文化中,提炼出
了三个层面的景区价值:"古茶山"
"茶魂山"和"文明山"。景迈芒景区
内的游线比较长,单纯的导向牌虽能
起到指示作用,但是不利于景区形象
和景区文化的展示。由此提出设立景
区第一道大门(景区大门),将其作为
进入景区的标志性景观。选用最核心、
最具凝练性的第三层面价值——"文
明山"为设计理念,以遗训为主要素
材,用象征景迈山的景石作为载体,

图 7-1-20　景迈芒景区旅游大门

刻上帕哎冷像、七公主像和遗训,并用树化石的群组小品做装饰。使其既具有防御、标识、
空间组织等基本功能,又可以传达景区的文化主题意境,同时增加了景观和视觉的多样性,
赋予游客最直观感受,达到吸引游客的目的。如图 7-1-20 所示。

任务二　售票亭设计

【 任务描述 】

(1) 会售票亭的平面设计,绘制平面图。

(2) 会售票亭的造型设计,绘制立面图。

(3) 会售票亭的剖面设计,绘制剖面图。

(4) 能够对售票亭进行材质设计,绘制透视图。

(5) 会进行设计说明的编写以及汇报文件 PPT 的制作。

售票亭是目前园林营业的窗口之一，是园林大门最基本的组成，也是大门形象及艺术构图中的重要内容。售票空间的布局，应考虑大门口环境状况，出入广场的布局形式，公园游人量及交通情况等不同因素，一般有两种布局方式，即一是售票亭与大门建筑组合成一体，另一是售票亭与大门分开设置成为独立在大门外的售票亭。

一、售票亭的基本要求

1. 售票亭的使用面积

一般每个售票位不小于 $2m^2$，亦可按不同建筑的布局形式及通风、隔热、防寒卫生等有所增减，每两个售票窗口的中距不小于 1200mm。售票亭外应有足够的广场空间，作游人购票停留之需。售票亭的售票窗口设置有：单面售票、双面售票及多面售票等几种。

2. 收票室

售票亭的对应设施，往往被人们所忽视，造成收票困难或设置的位置不当甚至随便搭个临时小房充作收票室，影响使用。收票室应设置在游人入园时必经的关口上，应尽量接近人流，以利收票。收票窗（柜台）应正对人流。为管理方便收票室应设一门，直接出入。可随时检查入园时的交票情况，收票室可结合大门洞的大型柱饰加以利用，平面不小于 $1.5m^2$。

二、售票亭的室内环境

1. 售收票室及门卫管理室的室内气候环境问题

售票室、收票室及门卫、管理室一般面积小，建筑体量不大，由于功能上要求一般需设大窗口，因此受室外季节气候的影响严重，以至室内冬冷夏热是常见的弊病，造成工作人员终日处在恶劣的气候环境下工作，影响身体健康。

2. 设计中主要应解决的三个问题

（1）选择良好的朝向及必要的遮阴措施，在我国大部分地区建筑以朝南为佳，大门设计应有良好的朝向，尤其是售票室与收票室整天值班，窗面朝向的优劣直接影响工作条件，一般应朝南，或朝东南、或朝西南均可，方能获得好的日照条件及较好的通风条件。但公园大门往往受规划位置及街景、城市交通的影响，不可能具有良好的朝向。

因此，设计时首先要在不改变大门朝向的前提下，改变建筑方位，以使建筑获得良好的朝向。或在大门建筑群的组合中，将工作房间巧妙地安排在好的朝向中，如：朝西的大门中将建筑物朝南，在朝北的大门中将建筑物朝东等，以改善建筑物朝向。

其次，当不可能争取到较好朝向时，应作遮阳设施，尤其是对售票、收票的窗口朝东、朝西向的建筑，更需作好遮阳设计；遮阳设施不应妨碍营业窗口，一般适用的遮阳措施有：挡板式遮阳，即在廊或屋檐的顶板下悬挂垂直遮阳板，遮阳板应离地面 1.8m 以上，以免人们碰头。在售票、收票窗口前作水平遮阳，以遮挡阳光，方法有：加大挑檐顶盖，或在窗口作水平遮阳板，或加设进深较大的廊、花架等。其中简单易行的可用帆布遮阳，可使用机械装置，每日收放；绿化遮阳，因售票亭建筑体量不大，当室外环境有浓密大树时或有较合理的种植配置时，可使整个建筑处于树荫下，这是最合理的自然物遮阳。

（2）组织好穿堂风是夏季室内降温的重要措施。我国大部分地区夏季主导风为南风（或东南风，或西南风），因此房间窗户要面向主风向，即朝南（或东南、西南）。要安排好进出风口，使穿堂风经过室内的工作范围，放在平面上要注意开窗位置，放在剖面上要注意开窗的高低，要使穿堂风的穿过路线简捷，因气流的速度会随路线曲折程度的增加而减小。

（3）隔热与保温屋顶隔热措施是防止太阳辐射热对室内侵害的重要方法，尤其南方夏季更为突出。而在寒冷地区屋顶及墙体的保温措施，是改善室内冬季环境的不可忽视的措施。屋顶隔热及保温的方法很多，常用的有：架空通风隔热层屋面，吊顶通风隔热层面。架空通风隔热保温屋面，保温平屋面及保温坡屋面。架空通风隔热层应注意，开设通风口应迎向夏季主导风向。架空高度一般在 120~240cm 之间。吊顶通风隔热层的通风口，在冬季应能关闭以利保温。

三、售票亭的造型

（1）售票亭与园林景区的大门有着密切的关联，有的甚至直接与景区大门合并为一体。所以，对售票亭的造型进行整体设计的时候，应考虑其与园区大门和园区整体风格相协调。不能在周围环境中显得过于突兀，如中式园林中常采用木亭，结构也采取传统形式。

而一些较为现代的建筑，当售票亭与大门相脱离，售票亭在一定程度上象征、标识入口的附加功能更为凸显的时候，售票亭也可采取现代建筑的设计手法，运用大胆地色彩与新型材质，使之在与整个环境相协调的同时，醒目而突出。造型也不拘泥于古代亭的形式，鼓励充分发挥设计者的想象力进行创新。

（2）售票亭的造型应与具体的功能相协调。在强调场所和自身可识别性的同时，保证其功能效用的可达性，以及整个空间流线的连贯性。适当的安排开口和流线空间，为参观人员预留有排队、走动以及停憩的空间。

（3）售票亭的造型，应与内部园林所展示的主题相互协调。在色彩、形象选用上可参照内部主题而定。或清新淡雅，或醒目奔放。

四、售票亭实例分析

百老汇售票亭 TKTS，如图 7-2-1 所示，占地面积 79m²，总建成面积 200m²。位于美国纽约的时代广场北侧，南边为 Father Duffy 雕像，东边为百老汇剧场。广场集游览区、商业区、文化区为一体。

新的 TKTS（百老汇）售票亭坐落在纽约时代广场的北端，一个名叫 Father Duffy 的三角形小广场上，正对着 Duffy 的雕塑。在世界领先业界专家的参与下，新的售票亭实现了结构完整性和创新性的结合，使用了世界最复杂和最先进的玻璃结构。它以前瞻性的巧妙构思，成为这座城市新的地标建筑。该公司旗下的 13 个国内和国际办事处，可以为建筑师提供一切所需的专业信息，为建筑师创造了优秀的创作环境。本方案的创作者澳大利亚设计师 John Choi 和 Tai Rohipa 是在 1999 年获得了该项目竞赛的优胜奖。

售票厅的设计理念为：纽约市的人流主要聚集点和备受瞩目的城市剧院。红与白的色彩对比十分醒目，简单的几何体块组合充满都市的现代感。该项目荣获 2007 年纽约艺术委员会（New York Art Commission Award）优秀设计奖。

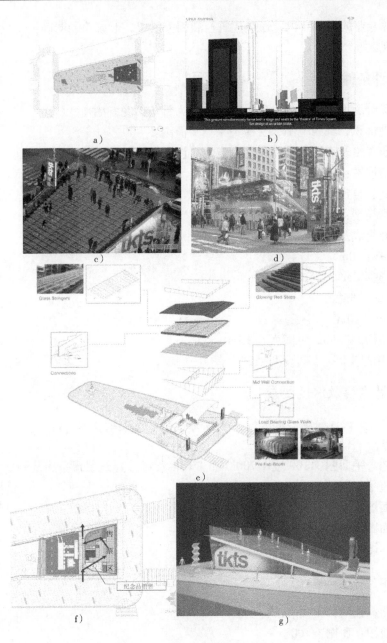

图 7-2-1　百老汇售票亭 TKTS

【设计实训】

【设计实训 7-1】大门建筑设计

一、目的要求

通过理论教学、参观和设计实践，使学生初步了解一般大门的设计原理、初步掌握建筑设计的基本方法与步骤，进一步训练和提高绘图技巧。

结合园林专业的相关知识，通过建筑控制相关区域，形成功能明确，特色突出，造型优美的园林景观区域。

二、设计条件

（1）本设计为城市公园的主题大门。地点为重庆市花卉园主入口。

（2）基地面积，红线范围，交通关系见平面图。

（3）建筑风格及表达主题由设计者自定，注意环境与建筑的联系。

（4）建筑层数：一层。

（5）层高：自定。

（6）结构类型：自定。

（7）房间组成及要求：

1）售票亭：$10m^2$。

2）收票室：$6m^2$。

3）门卫室：$9m^2$。

4）接待室：$20m^2$。

5）服务用房：3 间，每间面积 $15m^2$。

6）内部用卫生间：1 间设两个蹲位。

三、设计内容及深度要求

本设计按方案设计深度要求进行，用墨线制图，A2 图纸 2~3 张。

设计内容：

（1）基地总平面图 1:100 或 1:200（布置环境设施，建筑屋顶平面及绿化）。

（2）建筑平面图 1:100。

（3）立面图：主要立面及侧立面 1:100（2 张）。

（4）剖面图 2 张 1:100（主要形体）。

（5）轴测图或透视图（手绘）。

四、设计表达深度

（1）总图：按园林方案总图深度。

（2）平面图：比例 1:100。

1）底层各入口要画出踏步、花池、台阶等。

2）尺寸标注为两道，即总尺寸与轴线尺寸。

3）确定门窗位置、大小（按比例画，不注尺寸）及门的开启方向。

4）标出剖面线及编号。

5）注明房间名称。

6）标图名及比例。

（3）立面图：比例 1:100。

1）外轮廓线画中粗线，地坪线画粗实线，其余画细实线。

2）注明图名及比例。

（4）剖面图：比例 1∶100 或 1∶50。

1）剖切部分用粗实线，看见部分用细实线；地坪为粗实线，表示出室内外地坪高差。

2）尺寸标两道，即各层层高及建筑总高。

3）标高：标注各层标高，室内外标高。

4）标图名及比例。

五、设计方法与步骤

（1）分析研究设计任务书，明确目的、要求及条件。

（2）广泛查阅相关设计资料，参观已建成的大门，扩大眼界，广开思路。

（3）在学习参观的基础上，根据大门各建筑的功能要求及相互关系进行平面组合设计（比例 1∶100 或 1∶200）。

（4）在进行平面组合时，要多思考，多动手（即多画），多修改。

（5）在平面组合设计的基础上，进行立面和剖面设计，继续深入，发展为定稿的平、立、剖面草图。（比例 1∶100 或 1∶200）。

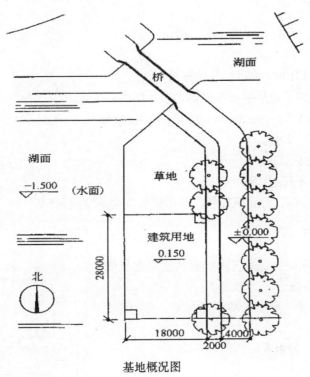

基地概况图

【设计实训 7-2】售票亭设计

设计任务书

一、作业目的

（1）初步了解建筑设计的基本过程和方法。

（2）了解观察人的行为模式与建筑及环境的关系。

（3）进一步认识人体工程学与建筑的尺度、比例的关系。

（4）进行简单的建筑形式及空间环境设计。

二、项目概况

该售票亭建筑位于一个 $12m \times 16m$ 范围内的基地内。

三、设计内容

（1）在给定的基地环境内，$12m \times 16m$ 范围内的用地，设计一个小型的售票亭建筑。

（2）售票亭面积为 $30m^2$ 左右，需要充分考虑人的停留及买票取票的舒适性，并且还需考虑售票亭周围的户外空间设计，例如人群停留地的铺装，人流分流栏杆等的设计。

（3）对周围环境和人的行为进行观察，以此作为设计的依据。

（4）其他空间可根据需要自行设计。

四、设计成果

（1）图幅：A1（841mm×594mm）图纸。

（2）图纸要求：

1）总平面图：1:100，需反映周边环境。

2）平面图：1:50，地层平面要求详细表达室内外关系。

3）主要立面图1:50，1~2张，应标出房间及主要尺寸。

4）剖面图1:50，1张。

5）轴测图或透视图1张。

6）设计说明，不超过150字。

（3）技术经济指标：总建筑面积；各主要分项建筑空间面积。

五、步骤方法

（1）观察基地环境，观察各种类型的展览建筑的售票处，并写出调研报告。

（2）草图设计（一草、二草、三草），多方案比选，方案优化设计。

（3）正式上板，绘制最终图纸。

六、作业标准

（1）设计构思新颖，草图表达符合要求。

（2）建筑设计形体明确、简洁，适当关注色彩及材质设计。

（3）环境设计有创意，与建筑形成一体，满足使用要求。

（4）制图正确、字体美观、图面均衡、色彩和谐。

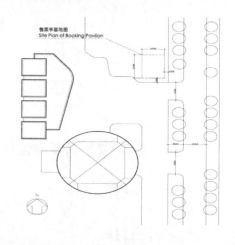

售票亭基地图
Site Plan of Booking Pavilion

售票亭位置图

【学习评价】

园区附属建筑设计评价方法与评分表见下表。

园区附属建筑设计评价方法与评分表

项目	分值	评价标准	得分
总体布局	10	（1）正确处理建筑与特定条件的结合与避让，同周边道路条件、自然环境、历史文化环境与建筑物形成良好、和谐的对话关系，总体空间处理及序列组织有序 （2）对用地内设置限定条件的考虑 （3）场地内部道路安排与交通组织合理	
功能分区	25	（1）功能分区明确，合理安排各种内容不同的区划（如内外、动静、私密与开放等） （2）平面和竖向功能分区合理 （3）良好的建筑物理环境（通风、采光、朝向等）	
建筑空间及交通流线组织	20	（1）建筑物主要出入口的位置选择合理 （2）门厅位置、功能及交通组织 （3）各股人流、物流组织清晰，流线通顺简洁且互不干扰交叉 （4）空间形成序列感与层次性	
建筑造型	15	（1）整体造型新颖，符合建筑的特点 （2）立面设计错落有致 （3）造型手法丰富	
结构选型	10	（1）结构类型选择得当，结构体系经济适用 （2）轴线尺寸经济合理，开间、进深同时满足功能要求	
图纸内容表述	20	（1）图面内容逻辑清晰，容易读图 （2）图底分明，线型明确，图纸内容主次有别 （3）构图匀称，主题突出 （4）绘制清晰，图面明快 （5）用色得体，和谐统一	
合计	100	合计	

项目 八 园林建筑小品设计

项目分析

　　园林小品是指园林中供休息、装饰、照明、展示和方便游人之用及园林管理的小型建筑设施。一般没有内部空间，体量小巧，造型别致。园林小品既能美化环境，丰富园趣，为游人提供文化欣赏和公共活动的方便，又能让游人从中获得美的感受和良好的教益。

项目目标

　　(1) 了解园林小品的性质、特点与功能，培养构思能力。

　　(2) 熟悉有关园林小品的设计规范，掌握其设计方法与设计要点。

　　(3) 对立体造型有一定的感知能力，训练学生的空间设计组合能力。

　　(4) 了解人体工程学，掌握人的行为心理以及由此产生的各项要求。

　　(5) 能够独立完成园林雕塑设计。

　　(6) 能够独立完成园墙设计。

　　(7) 能够独立完成花坛设计。

　　(8) 能够独立完成庭院小桥与汀步设计。

　　(9) 能够独立完成庭院座椅设计。

　　(10) 能够独立完成园林标识与展示系统设计。

　　(11) 能够独立完成园林垃圾桶设计。

【项目实施】

任务一　园林雕塑设计

【任务描述】

（1）会园林雕塑的平面设计，绘制平面图。
（2）会园林雕塑的造型设计，绘制立面图。
（3）会园林雕塑的剖面设计，绘制剖面图。
（4）能够对园林雕塑进行色彩设计，绘制公园接待中心透视图。
（5）会进行设计说明的编写以及汇报文件 PPT 的制作。

【知识链接】

园林雕塑泛指在公园、园林中使用的雕塑，配合园林构图，多数位于室外，题材广泛。园林雕塑通过艺术形象可反映一定的社会时代精神，表现一定的思想内容，既可点缀园景，又可成为园林某一局部甚至全园的构图中心，如图 8-1-1 所示。一般遍布于规则式园林的广场、花坛、林荫道上，也可点缀在自然式园林的山坡、草地、池畔或水中。园林雕塑是环境装饰中的一个重要元素，园林雕塑是一种艺术造诣比较高的雕塑作品，因为这些园林雕塑在映衬园林环境的同时也要突显出自己的主题性，这些园林雕塑适合大众的审美眼光。

图 8-1-1　人物雕塑（一）

在园林当中布置园林雕塑是园林设计师的首要之选，园林雕塑有各种风格各种题材，这些园林雕塑作品有较强的叙事性，会营造一种故事画面。当然园林雕塑的大小尺寸还要根据它所要摆放的环境来设计，大的恢宏，小的精致。园林雕塑可以把艺术的高雅带到我们的身边。在园林中设置雕塑，其主题和形象均应与环境相协调，雕塑与所在空间的大小、尺度要有恰当的比例，并需要考虑雕塑本身的朝向、色彩以及与背景的关系，使雕塑与园林环境互为衬托，相得益彰，如图 8-1-2、图 8-1-3 所示。

图 8-1-2　台阶上人物雕塑

图 8-1-3　人物雕塑（二）

园林雕塑有悠久的历史。文艺复兴时期，雕塑已成为意大利园林的重要组成部分。

园中雕塑或结合园林理水，或装饰台阶，甚至建立了以展览雕塑为主的"花园博物馆""雕塑公园"。园林雕塑在欧、美各国园林里至今仍占重要地位。

中国古代园林很早就有雕塑装饰。汉武帝时建章宫北太液池畔曾有石鱼、石龟、石牛、织女，还有铜仙人立于神明台上。颐和园宫门前的铜狮，庭院中布置的铜鹤、铜鹿，既是造型优美的艺术珍品，又是庭院的组成部分。中国园林中"特置"的山石，虽然不是人工雕塑物，也起雕塑物的作用。如颐和园乐寿堂前的青芝岫、苏州留园的冠云峰（见彩图苏州留园冠云峰，北宋花石纲遗物，高约 9m），都是以其自然形象供人欣赏。在自然风景区常利用天然岩壁洞穴雕凿佛像。帝王陵园前则以石人、石兽列队甬道两侧，增加中轴线的气势。中国各地园林中也设置了各种类型的雕塑。

一、使用性质

根据不同的使用性质园林雕塑可以分为实用性园林雕塑、装饰性园林雕塑和主题性园林雕塑等。

实用性园林雕塑主要指在园林中有实际应用效果的雕塑类别，包括风水球、长廊、凉亭、石桌椅、花盆、喷泉等。

装饰性园林雕塑是指那些在园林中起到装饰性的雕塑作品，如花窗、壁画等。

主题性园林雕塑则是园林雕塑中的形象代表，根据不同的风格需求应该选择不同的主题性雕塑，一般用于表达某种观念、传递某些信息（积极向上的思想）以求在潜移默化中影响人们的身心，促进社会发展。

二、雕塑形式

园林雕塑中最常见的雕刻形式为圆雕；浮雕一般用于园林中的壁画；透雕则常用于花窗、园林装饰摆件等。

三、使用的材料

根据园林风格的不同，使用雕塑的材质也有所不同。其中的石雕应用最为广泛，铜雕一般用于园林主题性雕塑，不锈钢雕则一般用作标志性雕塑。另外还有冰雕、雪塑，是东北园林冬季特有的一种雕塑艺术。

四、分类

（1）纪念性雕塑。纪念历史人物或事件，如南京雨花台烈士群像、上海虹口公园的鲁迅像等。

（2）主题性雕塑。表现一定的主题内容，如广州市的市徽"五羊"（图8-1-4）、南京莫愁湖的莫愁女等。

（3）装饰性雕塑。题材广泛，人物、动物、植物、器物都可作为题材，如北京日坛公园曲池胜春景区中展翅欲飞的天鹅和各地园林中的运动员、儿童及动物形象等。

图 8-1-4 广州市的市徽"五羊"雕塑

任务二 园墙设计

> 任务描述

（1）会园墙的平面设计，绘制平面图。

（2）会园墙的造型设计，绘制立面图。

（3）会园墙的剖面设计，绘制剖面图。

（4）能够对园墙进行色彩设计，绘制园墙透视图。

（5）会进行设计说明的编写以及汇报文件 PPT 的制作。

> 知识链接

园墙在园林中起划分内外范围、分隔内部空间、装饰园景和遮挡劣景的作用，如图 8-2-1 所示。精巧的园墙还可装饰园景。

中国传统园林的墙，按材料和构造可分为乱石墙、磨砖墙、白粉墙等。分隔院落空间多用白粉墙，墙头配以青瓦。用白粉墙衬托山石、花木，犹如在白纸上绘制山水花卉，意境尤佳。园墙与假山之间可即可离，各有其妙。园墙与水面之间宜有道路、石峰、花木点缀，景物映于墙面和水中，可增加意趣。产竹地区常就地取材，用竹编园墙，既经济又富有地方色彩，但不够坚固耐久，不宜作永久性园墙。

园墙的设置多与地形结合，平坦的地形多建成平墙（图8-2-2），坡地或山地则就势建成阶梯形，为了避免单调，有的建成波浪形的云墙。划分内外范围的园墙内侧常用土山、花台、山石、树丛、游廊等把墙隐蔽起来，使有限空间产生无限景观的效果。

图 8-2-1　用薄金属片制作的园墙有哈哈镜的效果

图 8-2-2　利用景墙彰显园林独特风格

国外常用木质的或金属的通透栅栏作园墙（图8-2-3、图8-2-4），园内景色能透出园外。英国自然风景园常用干沟式的隐垣作为边界，远处看不见园墙，园景与周围的田野连成一片。园内空间分隔常用高2m以上的高绿篱。

图 8-2-3　利用卵石制作园墙

图 8-2-4　园墙与喷水水景结合造景

新建公园绿地的园墙，在传统做法的基础上广泛使用新材料、新技术。多采用较低矮和较通透的形式，普遍应用预制混凝土和金属的花格、栏栅。混凝土花格可以整体预制或用预制块拼砌，经久耐用；金属花格栏栅轻巧精致，遮挡最小，施工方便，小型公园应用最多。

中国园林的园墙常设洞门。洞门仅有门框而没有门扇，常见的是圆洞门，又称月亮门、月洞门；还可作成六角、八角、长方、葫芦、蕉叶等不同形状。其作用不仅引导游览、沟通空间，本身又成为园林中的装饰（图8-2-5）。通过洞门透视景物，可以形成焦点突出的框景。采取不同角度

图 8-2-5　鲜艳的颜色和几何的造型

交错布置园墙、洞门，在强烈的阳光下会出现多样的光影变化。

　　园墙设置的洞窗也是中国园林的一种装饰方法。洞窗不设窗扇，有六角、方形、扇面、梅花、石榴等形状，常在墙上连续开设，形状不同，称为"什锦窗"。洞窗与某一景物相对，形成框景；位于复廊隔墙上的，往往尺寸较大，多做成方形、矩形等，内外景色通透。中国北方园林有的在"什锦窗"内外安装玻璃的灯具，成为"灯窗"，白天观景，夜间可以照明。

　　花窗，是窗洞内有镂空图案的窗，也是中国园墙上的一种装饰（图8-2-6）。窗洞形状多样，花纹图案多用瓦片、薄砖、木竹材等制作，有套方、曲尺、回文、卐字、冰纹等，清代更以铁片、铁丝作骨架，用雕塑创造出人物、花鸟、山水等美丽的图案，仅苏州一地花样就达千种以上。近代和现代园林镂窗图案有用钢筋混凝土或琉璃制的。镂窗高度一般在1.5m左右，与人眼视线相平，透过镂窗可隐约看到窗外景物，取得似隔非隔的效果，用于面积小的园林，可以免除小空间的闭塞感，增加空间层次，做到小中见大。

　　瓦花格在中国园林中有悠久历史，轻巧而细致，多砌在墙头（图8-2-7）。砖花格可砌筑在砖柱之间作为墙面，节省材料，造价低廉，但纹样图形受砖的模数制约，露孔面积不能过大，否则影响砌体的坚固性。

图8-2-6　中式园林中的窗洞设计

图8-2-7　中式园林中的云墙

任务三　花架设计

任务描述

（1）会花架的平面设计，绘制平面图。
（2）会花架的造型设计，绘制立面图。
（3）会花架的剖面设计，绘制剖面图。
（4）能够对花架进行色彩设计，绘制花架透视图。
（5）会进行设计说明的编写以及汇报文件PPT的制作。

知识链接

一、花架的基本知识

　　花架是攀缘植物的棚架，如图8-3-1所示，又是人们消夏避荫之所。花架在造园设计中往往具有亭、廊的作用，作长线布置时，就像游廊一样能发挥建筑空间脉络的作用，形成导游路线；也可以用来划分空间增加风景深度。作点状布置时，就像亭子一般，形成观赏点，并可以再次组织对环境景色的观赏。花架如图 8-3-2 所示，又不同于亭、廊，空间更为通透，特别由于绿色植物及花果自由地攀绕和悬挂，更添一番生气。花架在现代园林中除供植物攀援外，有时也取其形式轻盈以点缀园林建筑的某些墙段或檐头，使之更加活泼和具有园林的性格。

图 8-3-1　美丽浪漫的花架

图 8-3-2　直线型花架

二、花架的结构分类

1. 梁架式

花架造型比较灵活和富于变化，最常见的形式是梁架式，亦即为人所熟悉的葡萄架，这种花架是先立柱，再沿柱子排列的方向布置梁，在两排梁上垂直于柱列方向架设间距较小的枋，两端向外挑出悬臂，如供藤本植物攀缘时，在枋上还要布置更细的枝条以形成网格。

2. 半边列柱半边墙垣

花架的另一种形式是半边列柱半边墙垣，上边叠架小枋，它在划分封闭或开敞的空间上更加自如，造园趣味类似半边廊，在墙上亦可以开设景窗使意境更为含蓄。此外新的形式还有单排柱花架或单柱式花架及圆形花架。单排柱的花架仍然保持廊的造园特征，它在组织空间和疏导人流方面，具有同样的作用，但在造型上却轻盈自由得多。

3. 单柱式

单柱式的花架很像一座亭子，只不过顶盖是由攀缘植物的叶与蔓组成。圆形花架，枋从中心向外放射，形式舒展新颖，别具风韵。各种花架形式处理重点是柱枋的造型，柱子构造主要采用钢筋混凝土预制，但砖柱、石柱仍然不失其质朴的性格，使花架保持一种自然美的格调。梁枋基本上已经很少采用木材，但在实际使用中，钢筋混凝土的梁枋在形式及断面大小上仍然保持木材的既有风格。许多花架对枋头的式样较为注意，早期使用木材多作折曲纹样，现代钢筋混凝土枋头一般处理成逐渐收分，形成悬臂梁的典型式样。有的不作变化平直伸出也简洁大方。此外，更有采用钢筋混凝土网格式预制葡萄架（网格中距约为 80cm 见方）的结构方法，施工时采用简易顶升法定位于柱子上，它具有构件截面小（矩形），省钢筋的优点，在体态上亦较为窈窕。

花架的设计往往同其他小品相结合，形成一组内容丰富的小品建筑，如布置坐凳供人小憩（图8-3-3），墙面开设景窗、镂花窗、柱间或嵌以花墙，周围点缀叠石小池以形成吸引游人的景点。

图 8-3-3　曲线型花架

4. 附建式与独立式

花架在庭园中的布局可以采取附建式，也可以采取独立式。附建式属于建筑的一部分，是建筑空间的延续，如在墙垣的上部，垂直墙面水平搁置横梁向两侧挑出。它应保持建筑自身统一的比例和尺度，在功能上除供植物攀缘或设桌凳供人休憩外，也可以只起装饰作用。独立式的布局应在庭院总体设计中加以确定，它可以在花丛中，也可以在草坪边，使庭院空间有起有伏，增加平坦空间的层次，有时亦可傍山临池随势弯曲。花架如同廊道也可起到组织游览路线和组织观赏点的作用，布置花架时一方面要格调清新，另一方面要注意与周围建筑和绿化栽培在风格上的统一。在我国传统园林中较少采用花架，因其与山水田园格调不尽相同。但在现代园林中融合了传统园林和西洋园林的诸多技法，因此花架这一小品形式在造园艺术中日益为造园设计者所用。

任务四　花坛设计

┌─ 任务描述 ─┐

（1）会花坛的平面设计，绘制平面图。
（2）会花坛的造型设计，绘制立面图。
（3）会花坛的剖面设计，绘制剖面图。
（4）能够对花坛进行色彩设计，绘制花坛透视图。
（5）会进行设计说明的编写以及汇报文件PPT的制作。

一、花坛的基本知识

在现代庭园中，花坛是庭园组景不可缺少的手段之一，甚至有的在庭园组景中成为组景的中心（图 8-4-1），既起点缀作用，也能增添园林生气。

图 8-4-1　花坛成为组景的中心

二、花坛的样式

花坛随地形、位置、环境的不同，是多种多样的。有单体的花坛（图 8-4-2），也有组合的花池，可以是大面积的花坛，也可以是狭长形的花带，有的将花台与休息座椅结合起来，也有的把花坛与栏杆踏步等组合在一起，以便争取更多的绿化面积，创造舒适的环境。在东方特别是在我国传统园林中，多以自然山水布局为主，庭园组景讲究诗情画意，植物多以自由栽种，很少采用花池形式。反之，于庭前篱畔不论丛栽孤植，虽辅以陶砖乱石，只要修剪有度，点缀得宜便辄成景（图 8-4-3）。也有类似西方园林花台的"牡丹台"的做法。或者有的在曲廊转折处留一天井开口，争取阳光，进行绿化。

图 8-4-2　单体花坛

图 8-4-3　表造型

在我国现代园林建筑实践中，花台的处理手法，在吸取我国古典手法和西洋手法的基础上有较大的创造和发展。例如结合平面布置（图8-4-4），利用对景位置设置花台；或在屋顶辟半方小孔，透进阳光雨露，种植花木。如广州矿泉别墅走道尽端处理，友谊剧院贵宾室花池。有时也把与主要观赏点结合起来，将花木山石构成一个大盆景。如广州白云宾馆屋顶花园盆景花池，上海西郊公园盆景花池。有的结合竖向构图，把花池做成与各种隔断、格架或墙面结合的高低错落的花斗。这种由南方传统园林壁上花插脱胎出来的壁面花斗形式，在现代南方园林建筑小品中

图 8-4-4　在水池中的花坛

大量采用，使绿化得以有机地和建筑装修结合起来，在构图上形成富有趣味性的景点。

在国外，花池多讲究几何形体（图8-4-5），诸如圆形、方形、多边形等。在古典西洋园林中每每把花池与雕塑结合起来，或在庭园中布置有一定造型的花盆、花瓶。这些手法在东欧现代庭院布置中仍有采用。

图 8-4-5　以动物作为独立花坛的系列设计

花池在国外也用于室内（图8-4-6）。大都采用可以移动的花盆盒或花盆箱随季节变更而更换盆花。花池造型简洁多样。随着屋顶花园的盛行，这种可移动的花池也陆续发展到天台屋顶上。为了减轻荷载，有的甚至采用轻质疏松的培养基来取代土壤栽植花木。另一方面因其便于搬动和有利于按照设计者的要求进行布置。

图 8-4-6　室内花池

任务五　庭园小桥与汀步设计

（1）会庭院小桥与汀步的平面设计，绘制平面图。
（2）会庭院小桥与汀步的造型设计，绘制立面图。
（3）会庭院小桥与汀步的剖面设计，绘制剖面图。
（4）能够对庭院小桥与汀步进行色彩设计，绘制庭院小桥与汀步透视图。
（5）会进行设计说明的编写以及汇报文件 PPT 的制作。

一、小桥与汀步的基本知识

我国传统园林以处理水见长，在组织水面风景中，桥是必不可少的组景要素（图8-5-1、图8-5-2），桥具有联系水面风景点，引导游览路线，点缀水面景色，增加风景层次等作用。

图8-5-1　苏州宝带桥　　　　　　　　　　图8-5-2　北京卢沟桥

庭园中的桥多采用小桥或汀步，因而列入小品范围。在大型园林中，如颐和园和杭州西湖等在广阔水面上所采用的一些大型桥梁尽管其体型较大，但在造型上亦十分讲究。如颐和园玉带桥。

二、小桥样式

1. 单跨平桥

小水面架桥，取其轻快质朴，常为单跨平桥。水面宽广或水势急湍设高桥并带栏杆。水面狭窄或水势平静者，可设低桥免去栏杆（图8-5-3）。水与山相邻，山下岩边桥面临水不宜高，以显山势峥嵘。水面与地面水平相近，架桥低临水面，亦可使游人沿溪漫步，别有情趣。在清澈的水面，要巧于利用桥的倒影效果。平坦地段桥式宜有起伏变化的轮廓。

图 8-5-3　无栏杆桥

单跨平桥（图 8-5-4），造型简单能予人以轻快的感觉。有的平桥用天然石块稍加整理作为桥板架于溪上，不设栏杆，只在桥段两侧置天然景石隐喻桥头，简朴雅致。如苏州拙政园曲径小桥，广州荔湾公园单跨仿木平板桥，宜具田园风趣。

2. 曲折平桥

曲折平桥（图 8-5-5），多用于较宽阔的水面而水流平静者。为了打破一跨直线平桥过长的单调感，可架设曲折桥式。曲折桥有两折、三折、多折等。广州东方宾馆内庭池面的三折桥，从高处俯瞰，活泼多姿。南京瞻园假山下四折曲桥，桥面较窄，桥板甚薄，并以微露水面的天然石为礅，桥低贴水面，桥上亦不设栏杆，步于其上，对水面倍感亲切。广州火车站内庭曲桥，桥面与路面采用同一铺砌，使桥与路一气呵成。杭州三潭印月曲桥轻快活泼。上海城隍庙九曲桥，饰以华丽栏杆与灯柱，形态绚丽与庙会时的热闹气氛相协调。

图 8-5-4　单跨平桥　　　　　　　　　　　　图 8-5-5　曲折平桥

3. 拱券桥

拱券桥（图 8-5-6），用于庭园中的拱券桥多以小巧取胜，网师园石拱桥以其较小的尺度，低矮的栏杆及朴素的造型与周围的山石树木配合得体见称。紫竹院莲桥（图 8-5-7）上下色彩对比强烈，整个桥体醒目；广州流花公园混凝土薄拱桥造型简洁大方，桥面略高于水面，在庭园中形成小的起伏，颇富新意。厦门万石岩寺庙前的德寿石桥凌跨涧上，直通寺庙，石材桥面及栏杆颇古朴、简洁。

图 8-5-6　拱券桥

图 8-5-7　紫竹院莲桥

三、汀步

1. 汀步基本知识

汀步（图 8-5-8）介于似桥非桥，似石非石之间，是步石的一种类型，设置在水上，无架桥之形，却有渡桥之意。它是对桥的弱化，这种弱化不是简单化，草率化，而是对桥形的扬弃，是"以形写神"变为"离形得似"。园林中运用这种古老渡水设施，质朴自然，别有情趣。在中国古典园林中，常以零散的叠石点缀于窄而浅的水面上，使人易于蹑步而行，其名称叫"汀步"，或叫"掇步""踏步"，《扬州画舫录》亦有"约略"一说，日本又称为"泽飞"。这种形式来自南方民间，后被引进园林，并在园林中大量运用，北京中南海静谷、苏州环秀山庄、南京瞻园等俱有。汀步在园林中虽属小景，但并不是指可有可无，恰恰相反，却是更见"匠心"。

图 8-5-8　几何造型尺度较大的汀步

2. 汀步样式

汀步大致分为水中汀步（图8-5-9）与陆地汀步（图8-5-10）。

图 8-5-9　水中汀步
a）方形汀步　b）圆形汀步

图 8-5-10　陆地汀步

水中汀步在园林中则更是以显自然天趣为首要。"（汀步）尤能与自然相契合，实远胜架桥其上。""（汀步）可使水景更形自然之趣，增添水面变化和方便水上游览观景。"

汀步多选石块较大，外形不整而上比较平的山石，散置于水浅处，石与石之间高低参差，疏密相间，取自然之态，既便于临水，又能使池岸形象富于变化，长度以短曲为美，此为形。石体大部分浸于水中，而露水面稍许部分，又因水故，苔痕点点，自然本色尽显，此为色。其形其色，如童寯先生言："薛苔蔽路，而山池天然，丹青淡剥，反觉逸趣横生"。拙政园小沧浪水院，静水中略点的几块步石，与岸边葱笼的灌木，构成了一幅仿佛江南水乡般恬静清新的画面，游人至此，自然气息扑面而来，极富感染力。

陆地汀步与水中汀步的不同之处在于水中汀步是在水面上，其主要起到一个亲水的作用。陆地汀步则多建于草坪上，属于亲绿空间的一种表达形式。它的功能主要有作为游路起引导和观赏作用，保护植被，增添游玩乐趣。

任务六　庭园坐凳设计

┌ 任务描述 ┐

（1）会庭园座椅的平面设计，绘制平面图。
（2）会庭园座椅的造型设计，绘制立面图。
（3）会庭园座椅的剖面设计，绘制剖面图。
（4）能够对庭园座椅进行色彩设计，绘制庭园座椅透视图。
（5）会进行设计说明的编写以及汇报文件 PPT 的制作。

┌ 知识链接 ┐

一、庭园凳的基本知识

园林作为供游人休息的场所，设置坐凳是十分必要的（图 8-6-1），坐凳除具有功能作用外，还有组景点景的作用。在庭园中设置形式优美的坐凳具有舒适诱人的效果，丛林中巧置一组树桩凳或一组景石凳可以使人顿觉林间生意盎然。在大树浓荫下，置石凳三、二，长短随宜，往往能变无组织的自然空间为有意境的庭园景色。

图 8-6-1　路边凳

二、选址

坐凳设置的位置多为园林中有特色的地段如池边、岸沿、岩旁、台前、洞口、林下、花间，或草坪道路转折处（图 8-6-2、图 8-6-3）等。有时一些不便于安排的零散地也可设置几组坐凳加以点缀，甚至有时在大范围组景中也可以运用坐凳来分割空间。

图 8-6-2 位于道路一侧的坐凳　　　　　　　　　图 8-6-3 组凳

三、样式

坐凳根据不同的位置、性质所采用的形式，足以产生各种不同的情趣（图 8-6-4、图 8-6-5）。组景时主要取其与环境的协调。如亭内一组陶凳，古色古香，临水平台上两只鹅形凳别有风味，大树浓荫下一组组圈凳粗犷古朴。于城市公园或公共绿地所选款式，宜典雅、亲切；在几何状草坪旁边的，宜精巧规整；森林公园则以就地取材富有自然气息为宜。

图 8-6-4 露天豪华草编雅座　　　　　　　　　图 8-6-5 整体化设计的园林凳

在现代园林中创造了许多各具特色的座椅，大量的则以采用预制装配为多，上海虹口公园及向阳公园仿古几何体的混凝土凳，古而不老，新而不怪，也是一种成功的尝试。

任务七　园林标识与展示系统设计

【任务描述】

（1）会园林标识与展示系统设计。
（2）会进行设计说明的编写以及汇报文件 PPT 的制作。

知识链接

园林标识是指通过信息传递手段来帮助人们理解园林环境和顺利完成在园林内的活动的园林要素。园林标识系统的建立是对我国公共环境标识系统的完善，同时对提升园林的形象、文化内涵甚至是城市乃至国家的形象都有重大的作用。园林标识按传递信息的种类分为导向性标识、说明类标识、警示限制性标识、景观引赏类标识。

一、导向性标识

指对游客所在位置的周边环境和交通状况的描述、行动方向的引导以及目的地的标示的一类标识，其目的是帮助游客顺利地到达目的地。导向性标识包括：方向指示牌、导游图等区域引导图、路标等（图8-7-1）。

图 8-7-1 方向指示牌

二、说明类标识

是指对园林环境的历史文化、水文、气候等相关的背景知识，设计理念等，动植物等科普知识，名胜古迹的相关知识以及娱乐设施的使用说明等进行解释说明的标识。主要包括：

公园标志牌、景点牌、景点介绍牌、动植物名牌、设施招牌、服务介绍牌、标语牌、宣传栏等（图8-7-2、图8-7-3）。

图8-7-2　公园总平面图标示

图8-7-3　植物说明标示

三、警示限制性标识

指为了维护园林环境和游览活动的秩序以及保证游客的人身财产安全而设置的一类标识。它通过提示、劝告、命令，甚至是具有法律效力的禁令规范游客的行为。警示限制性标识包括警示标识、禁止标识、提示标识等。如常见的"此处危险，请勿攀爬""禁止吸烟"以及"小草青青，请多爱护"等此类标识均属于警示限制性标识（图8-7-4）。

四、景观引赏类标识

是指通过其本身的形态、特性等要素传达出美好、惊险、壮观等情感因素，给游客带来快乐、兴奋的感觉，进而产生了进去亲身体验的欲望。也就是说，是通过让游客对未游览的景点先有情感上的认识，来引导游客的游览活动的一类标识。它包括如：山峰顶上的亭子、沁人心扉的花香、蜿蜒的竹林小径、潺潺的水声、苍劲的题刻、文采横溢的楹联等这些能够引起人们美好情感反应的事物。这些事物很显然也具有一定的方向指示作用，因此这类标识往往兼具导向和欣赏两方面的功能（图8-7-5）。

图8-7-4　温馨提示牌

图8-7-5　文字说明牌

园林标识的规划设计不仅要满足标识的易识别性，还要从表现要素、造型等方面考虑其作为景观设施的美感，以及与园林环境的协调、园林文化和意境的宣扬。园林标识的规划设计还要以服务者的姿态从游客的需求出发构建一个人性化、功能齐全、可持续发展的系统。

【设计案例】

【案例 8-1】芝加哥千禧公园（内部园林小品）

芝加哥千禧公园是坐落于美国芝加哥洛普区的一座大型公园，英文名为 Millennium Park。该公园是密歇根湖湖畔重要的文化娱乐中心，涵盖整个格兰特公园西北边 24.5 英亩（99，148m²）的土地。该地区曾经被伊利诺伊中央铁路（Illinois Central Railroad）当作停车场使用。截至 2009 年，千禧公园是全芝加哥人气第二高的旅游景点，仅次于海军码头。

公园远景

公园周围用绿篱园墙隔断

千禧公园建成于 2004 年 7 月，由著名建筑设计师弗兰克·盖里（Frank Gehry）设计完成。建筑师弗兰克·盖里被誉为后现代解构主义建筑大师，是千禧公园的总设计师。置身千禧公园，处处可见后现代建筑风格的印记，因此也有专业人士将此公园视为展现"后现代建筑风格"的集中地。千禧公园面积为 24 英亩，是"后现代建筑风格"的集中地。露天音乐厅（Jay Pritzker Music Pavilion）、云门（Cloud Gate）和皇冠喷泉（Crown Fountain）是千禧公园中最具代表的三大后现代建筑。

云门，该雕塑由英国艺术家安易斯（Anish）设计，整个雕塑由不锈钢拼贴而成，虽体积庞大，外型却非常别致，宛如一颗巨大的豆子，因此也有很多当地人昵称它为"银豆"。由于表面材质为高度抛光的不锈钢板，整个雕塑又像一面球形的镜子，在映照出芝市摩天大楼和天空朵朵白云的同时，也如一个巨大哈哈镜，吸引游人驻足欣赏雕塑映出的别样的自己。

皇冠喷泉由西班牙艺术家詹米·皮兰萨（Jaume Plensa）设计，是两座相对而建的、由计算机控制 15m 高的显示屏幕，交替播放

云门也叫作"银豆"

着代表芝加哥的1000个市民的不同笑脸，欢迎来自世界各地的游客。每隔一段时间，屏幕中的市民口中会喷出水柱，为游客带来突然惊喜。每逢盛夏，皇冠喷泉变成了孩子们戏水的乐园。至此，让人们不得不敬重艺术家的超凡想象设计，他们抛却传统的公共雕塑功能，而让原本静止的物体与游人一起互动起来，赋予了雕塑新的意义。

步行道与水景由可以休息的台阶过渡　　　　　　　　　　台阶的尺寸适合倚靠

园内椅子的设计与花坛无缝连接　　　　　　　　　　　　皇冠喷泉

【案例8-2】"恐龙木马"花卉雕塑

杰夫·昆斯（Jeff koons）的"恐龙木马"在纽约，傲然屹立在曼哈顿区世界著名的洛克菲勒广场，供市民参观。由高古轩画廊提供，公共艺术基金会和铁狮门共同组织呈现，这件巨型花卉雕塑高37ft，俯视着闪亮的普罗米修斯塑像和城市景观。这件一半是马、一半是恐龙的雕塑由5万株花卉组成。

"我喜欢和自然对话，制作这样一件作品，需要很多方面的人为控制，比如具体要多少花卉？如何让这些植物存活？然而在考虑这些的同时，还要考虑放弃这样的控制。"昆斯说道，"这一切都取决于大自然，即使我们有使植物健康存活下去的方法，放弃这样的人为控制总是很美妙的。实施控制和放弃控制的平衡让我们不断反思极性的存在。"

植物雕塑

【案例8-3】青岛世界园艺博览会论道展园

青岛世界园艺博览会论道展园（一）　　　　　　青岛世界园艺博览会论道展园入口 logo

人与自然和谐相处是我们的理想生活状态，其中非常吸引人眼球的是以"论道"为主题的展园。入口 logo 墙在传递设计信息的同时，也遵循设计理念，运用真实尺度的桌子和椅子的剪影为元素，具有实际宽度的桌子也是整个墙的结构支持。设计者认为当代景观不仅是一个忠实记录行为活动和感知空间的载体，更应该是一个主动推进事件发生、发展和改善人居生态环境的加速器与主导者。

在设计思维上：论道园改变景观设计常见的静态的，三维的视觉空间设计的思维模式，以记录和传播动态的事件为主旨，通过营造一种云水禅心的意境，继而创造一个人与人，人与事件，人与自然近距离的多维度，多视角和多方式沟通的绿色论坛。

在空间的营造上：该展园大胆运用夸张的设计手法，把我们日常生活中的长桌、高椅和花毯融入设计中，塑造出四个层次，特点各异的园林空间，为观赏，活动的展开以及昆虫鸟类栖息提供和打造了一个立体的空中花园。表达了人与生物在环境中的平等。

高椅作为本展园的主要活动区，不仅是推广绿色科技的论坛区域，更是学术思想交流的园地。高椅上特别设计的空中立体花园杯光交错、鲜美芬芳，既是览胜的风光台，更是亲近自然愉悦心灵的载体。我们可以在此品茗思静，享受着大自然赋予我们的美好意境。

青岛世界园艺博览会论道展园（二）

青岛世界园艺博览会论道展园（三）

【设计实训】

【实训8-1】儿童游中心园林小品组合设计

设计任务书

本设计为园林景观项目中的小型节点组合园林小品设计，通常这种节点的主要功能就是供大人及儿童停留、休息，并且提供相应的休闲设施，比如园林座椅、遮阴的花架，还有观赏的水池喷泉等。场地的形状为圆形，直径为10m（本设计为概念化设计，因此不考虑施工以及成本）。

一、图纸要求

（1）总平面图（表达材质、色彩及结构）。

（2）剖面图（概念高低差，不用标尺度）、立面图。

（3）设计说明（表达自己设计的理念，字数不限，可以用小设计透视及图形的方式说明）。

（4）图幅：A3 图纸。

（5）比例自定。

二、设计要求

（1）符合场地以及儿童心理需求。

（2）比例与尺度协调。

（3）能够满足休闲需求。

三、表现要求

（1）线条流畅。

（2）色彩协调，符合儿童心理需求。

【实训8-2】园林雕塑小品设计

设计任务书

本设计为植物专类园中的雕塑，位于园中二级道路交叉口方形小环岛中心，环岛面积约 $64m^2$，长宽分别为 8m，雕塑落成后会起到对景、疏散人流及点景的作用。

一、图纸要求

（1）总平面图（表达材质、色彩及结构）。

（2）剖面图（概念高低差，不用标尺度）、立面图。

（3）设计说明（表达自己设计的理念，字数不限，可以用小设计透视及图形的方式说明）。

（4）图幅：A3 图纸。

（5）比例自定。

二、设计要求

（1）符合公园性质、以及场地需求。

（2）比例与尺度协调。

（3）能够满足人流疏散需求。

三、表现要求

（1）线条流畅。

（2）色彩协调，符合公园环境需求。

【学习评价】

园林建筑小品设计评价方法与评分表见下表。

园林建筑小品设计评价方法与评分表

项目	分值	评价标准	得分
总体布局	30	（1）考虑到形式美的原则，对圆形平面图进行主题分割设计 （2）整体造型新颖，符合园林小品的特点 （3）平、立面图设计错落有致 （4）造型手法丰富	
造型创新及合理性	50	（1）造型新颖，符合场地特点，与园内景观和谐统一 （2）功能性强	
图纸内容表述	20	（1）图面内容逻辑清晰，容易读图 （2）图底分明，线性明确，图纸内容主次有别 （3）构图匀称，主题突出 （4）绘制清晰，图面明快 （5）用色得体，和谐统一	
合计	100	合计	

参 考 文 献

[1] 周维权. 中国古典园林史 [M]. 北京：清华大学出版社，1990.

[2] 成玉宁. 园林建筑设计 [M]. 北京：中国农业出版社，2009.

[3] 梁思成. 中国雕塑史 [M]. 天津：百花文艺出版社，2006.

[4] 周初梅. 园林建筑设计 [M]. 北京：中国农业出版社，2009.

[5] 曹仁勇. 园林建筑设计 [M]. 北京：高等教育出版社，2015.

[6] 曾洪立，王晓博，胡燕. 风景园林建筑快速设计 [M]. 北京：中国林业出版社，2010.

[7] 郦芷若，朱建宁. 西方园林 [M]. 郑州：河南科学技术出版社，2001.

[8] 方秉俊. 园林建筑设计 [M]. 北京：中国建材工业出版社，2014.

[9] 陈志华. 外国造园艺术 [M]. 郑州：河南科技出版社，2001.

[10] 王崇杰，崔艳杰. 建筑设计基础 [M]. 北京：中国建筑工业出版社，2002.

[11] 维特鲁威. 建筑十书 [M]. 高履泰，译. 北京：知识产权出版社，2001.

[12] 黎志涛. 快速建筑设计100例 [M]. 南京：江苏科学技术出版社，2009.

[13] 唐鸣镝，黄震宇，潘晓岚. 中国古代建筑与园林 [M]. 北京：旅游教育出版社，2008.

[14] 卡斯腾·哈里斯. 建筑的伦理功能 [M]. 申嘉，陈朝晖，译. 北京：华夏出版社，2001.

[15] 张良，负禄. 园林建筑设计 [M]. 郑州：黄河水利出版社，2010.

[16] 西蒙兹. 景观设计学 [M]. 俞孔坚，王志芳，孙鹏，等译. 北京：中国建筑工业出版社，2000.

[17] 夏为，毛靓，毕迎春. 风景园林设计基础 [M]. 北京：化学工业出版社，2010.

[18] 张哲. 园林建筑设计 [M]. 南京：东南大学出版社，2010.

[19] C·亚历山大. 建筑模式语言 [M]. 王昕度，周序鸿，译. 北京：知识产权出版社，2002.

[20] 何向玲. 园林建筑构造与材料 [M]. 北京：中国建筑工业出版社，2008.

[21] C·亚历山大. 住宅制造 [M]. 高灵英，译. 北京：知识产权出版社，2002.

[22] 钟喜林，谢芳. 园林建筑 [M]. 北京：中国电力出版社，2010.

[23] 芦原义信. 街道的美学 [M]. 尹培桐，译. 北京：百花文艺出版社，2013.

[24] 诺曼 K. 布思. 风景园林设计要素 [M]. 曹礼昆，曹德鲲，译. 北京：北京科学技术出版社，2015.

[25] 托伯特·哈姆林. 建筑形式美的原则 [M]. 邹德侬，译. 北京：中国建筑工业出版社，2014.

[26] 黄华明. 现代景观建筑设计 [M]. 武汉：华中科技大学出版社，2013.

[27] 陈晓梅. 园林建筑设计 [M]. 北京：中国农业大学出版社，2009.

[28] 吴良镛. 广义建筑学 [M]. 北京：清华大学出版社，2011.

[29] 刘先觉. 现代建筑理论 [M]. 北京：中国建筑工业出版社，2008.

[30] 刘福智，孙晓刚. 园林建筑设计 [M]. 重庆：重庆大学出版社，2013.

[31] 刘福智. 园林景观建筑设计. 北京：机械工业出版社，2010.

[32] 迈克尔. 景观细部图集 [M]. 大连：大连理工大学出版社，2001.

[33] 罗伯特·霍尔登. 环境空间——国际景观建筑 [M]. 蔡松坚，译. 合肥：安徽科学技术出版社，1999.

[34] 田永复. 中国园林建筑构造设计 [M]. 北京：中国建筑出版社，2008.

[35] 鲁一平，朱向军，周刃荒. 建筑设计 [M]. 北京：中国建筑工业出版社，1992.

［36］同济大学建筑系建筑设计基础教研室．建筑形态设计基础［M］．北京：中国建筑工业出版社，1981.

［37］朱吉顶．建筑装饰设计［M］．机械工业出版社，2013.

［38］姚美康．建筑设计基础［M］．北京：北京交通大学出版社，2007.

［39］童寯．造园史纲［M］．北京：中国建筑工业出版社，1984.

［40］韩颖．快速建筑设计［M］．北京：化学工业出版社，2012.

［41］C·亚历山大．建筑的永恒之道［M］．赵冰，译．北京：知识产权出版社，2002.

［42］田永复．仿古建筑设计［M］．北京：化学工业出版社，2008.

［43］徐哲民．建筑场地设计［M］．北京：机械工业出版社，2009.

［44］童寯．江南园林志［M］．北京：中国建筑工业出版社，1984.

［45］本书编委会．建筑·规划·园林专业优秀学生作业选——建筑设计［M］．北京：中国建筑工业出版社，2005.

［46］周长亮．建筑设计原理［M］．上海：上海人民美术出版社，2011.

［47］梁思成．中国建筑史［M］．天津：百花文艺出版社，2005.

［48］C·亚历山大．俄勒冈实验［M］．赵冰，刘小虎，译．北京：知识产权出版社，2011.

［49］吴家骅．环境设计史纲［M］．重庆：重庆大学出版社，2002.

［50］凯文·林奇．城市形态［M］．林庆怡，译．北京：华夏出版社，2013.

［51］C·亚历山大．城市设计新理论［M］．陈治业，译．北京：知识产权出版社，2015.

［52］麦克哈格．设计结合自然［M］．黄经纬，译．天津：天津大学出版社，2006.

［53］夏建统．美国现代景观建筑大师作品系列［M］．北京：中国建筑工业社，2001.

［54］凯文·林奇．总体设计［M］．黄富厢，译．北京：中国建筑工业出版社，2015.

［55］李道增．环境行为学概论［M］．北京：清华大学出版社，1999.

［56］王向荣，林菁．西方现代景观设计的理论与实践［M］．北京：中国建筑工业出版社，2002.

［57］克莱尔·库珀·马库斯．人性场所［M］．俞孔坚，译．北京：中国建筑工业出版社，2001.

［58］彭一刚．建筑空间组合论［M］．北京：中国建筑工业出版社，1983.

［59］钟之谷钟吉．西方造园变迁史［M］．邹洪灿，译．北京：中国建筑工业出版社，1991.

［60］凯文·林奇．城市意向［M］．方益萍，译．北京：华夏出版社，2001.

［61］吴为廉．景园建筑工程规划与设计［M］．上海：同济大学出版社，1996.

教材使用调查问卷

尊敬的教师：

您好！欢迎您使用机械工业出版社出版的"高职高专园林专业系列规划教材"，为了进一步提高我社教材的出版质量，更好地为我国教育发展服务，欢迎您对我社的教材多提宝贵的意见和建议。敬请您留下您的联系方式，我们将向您提供周到的服务，向您赠阅我们最新出版的教学用书、电子教案及相关图书资料。

本调查问卷复印有效，请您通过以下方式返回：

邮寄：北京市西城区百万庄大街 22 号机械工业出版社建筑分社（100037）
　　　时　颂　　（收）

传真：010-68994437（时颂收）　　　　E-mail：2019273424@ qq. com

一、基本信息

姓名：＿＿＿＿＿＿＿职称：＿＿＿＿＿＿＿＿＿＿＿职务：＿＿＿＿＿＿＿＿＿

所在单位：＿＿＿＿＿＿＿＿＿＿＿＿＿＿＿＿＿＿＿＿＿＿＿＿＿＿＿＿＿＿＿

任教课程：＿＿＿＿＿＿＿＿＿＿＿＿＿＿＿＿＿＿＿＿＿＿＿＿＿＿＿＿＿＿＿

邮编：＿＿＿＿＿＿＿＿地址：＿＿＿＿＿＿＿＿＿＿＿＿＿＿＿＿＿＿＿＿＿＿

电话：＿＿＿＿＿＿＿＿电子邮件：＿＿＿＿＿＿＿＿＿＿＿＿＿＿＿＿＿＿＿

二、关于教材

1. 贵校开设土建类哪些专业？

☐建筑工程技术　　　☐建筑装饰工程技术　　　☐工程监理　　　☐工程造价

☐房地产经营与估价　☐物业管理　　　　　　　☐市政工程　　　☐园林景观

2. 您使用的教学手段：　☐传统板书　　☐多媒体教学　　☐网络教学

3. 您认为还应开发哪些教材或教辅用书？＿＿＿＿＿＿＿＿＿＿＿＿＿＿＿＿＿

4. 您是否愿意参与教材编写？希望参与哪些教材的编写？

课程名称：＿＿＿＿＿＿＿＿＿＿＿＿＿＿＿＿＿＿＿＿＿＿＿＿＿＿＿＿

形式：　☐纸质教材　　☐实训教材（习题集）　　☐多媒体课件

5. 您选用教材比较看重以下哪些内容？

☐作者背景　　☐教材内容及形式　　☐有案例教学　　☐配有多媒体课件

☐其他＿＿＿＿＿

三、您对本书的意见和建议 (欢迎您指出本书的疏误之处) ＿＿＿＿＿＿＿＿＿＿

＿＿＿＿＿＿＿＿＿＿＿＿＿＿＿＿＿＿＿＿＿＿＿＿＿＿＿＿＿＿＿＿＿＿＿＿＿

＿＿＿＿＿＿＿＿＿＿＿＿＿＿＿＿＿＿＿＿＿＿＿＿＿＿＿＿＿＿＿＿＿＿＿＿＿

四、您对我们的其他意见和建议＿＿＿＿＿＿＿＿＿＿＿＿＿＿＿＿＿＿＿＿＿＿

＿＿＿＿＿＿＿＿＿＿＿＿＿＿＿＿＿＿＿＿＿＿＿＿＿＿＿＿＿＿＿＿＿＿＿＿＿

＿＿＿＿＿＿＿＿＿＿＿＿＿＿＿＿＿＿＿＿＿＿＿＿＿＿＿＿＿＿＿＿＿＿＿＿＿

请与我们联系：

100037　北京百万庄大街 22 号

机械工业出版社·建筑分社　时颂　收

Tel：010-88379010（O），6899 4437（Fax）

E-mail：2019273424@ qq. com

http：//www. cmpedu. com（机械工业出版社·教材服务网）

http：//www. cmpbook. com（机械工业出版社·门户网）

http：//www. golden-book. com（中国科技金书网·机械工业出版社旗下网站）